JN056957

文明のなかの数学

数学史記述法・古代・アラビア

三浦 伸夫 著

現代数学社

はじめに

数学とは何か．これは大変奥深い問題です．この問に答えるため，その歴史を探るのは一つの常套手段でしょう．そこには数学史という研究領域が存在します．しかし数学史そのものの中にすでに数学という単語が含まれているように，数学史記述はまた数学の定義を前提にしているので，そこに思考の循環が生じてしまいます．それを避けるためには，数学史書がどのように記述されてきたのか，その中で記述対象が何であったのかなどを調査することも必要です．また数学史が歴史である限り，数学史書が執筆された時代の歴史的社会的制約があるはずです．本書は，歴史のなかで数学がどのように記述されてきたのか，さらに数学史記述のなかで歴史がどのように扱われてきたかを見ることによって，広く文明における数学とは何かを探っていこうとするものです．文明，数学の記述方法，数学の目的，数学を担う人々などを常に念頭に置きながら各章は記述されています．

本書は，『現代数学』に 2015 年から 2020 年までに連載された記事のなかの西洋近代以前に関するものを，「数学史記述法」，「古代」，「アラビア」という 3 部に分け収録しました．第 1 部「数学史記述法」では，数学の展開が記述法に依存し，またそれによってさまざまな数学が存在していたことを，従来の数学史書では取り扱われることの少ない題材を用いて述べています．今日さまざまな数学史書に古代エジプト・ギリシャの数学についての記述があります．しかしそれらの多くは同じような題材を取り上げ，また飛び飛びの記述のように思えます．だから第

2部「古代」では，新しい題材を選び数学史の隙間を埋め，各時代の数学上の相互関係を少しでも見通しよくするようにしています．最後の第3部「アラビア」では，アラビア数学史の通史の形はとっていませんが，近年のアラビア数学史研究の成果を取り入れ，アラビア数学史記述へ向けて新しい視座を提供するように記述しました．本書は先行する多くの数学史家による個別の研究成果があってこそ可能でした．それらを利用させてもらいながらも，それらを超えた視点も提供しているので，読者を混乱させるかもしれません．しかしそのことがかえって本書を興味深く，また有益にしていることではないかと考えています．前近代の数学ですから，現代の記号法を用いれば容易に表記できるでしょう．しかしそうすることはその時代の数学を歪めてしまいかねません．その時代の数学を説明するには今日の記号法抜きで記述せねばならず，多くの紙幅が必要となるでしょう．そのこともあり，本書は数学上の内容にはあまり深入りせずに，数学が成立する背景などを中心に記述するようにしました．

掲載した雑誌『現代数学』の性格上，数学そのものに関心のある人，数学史の基本的知識のある人向けに書いてはいますが，数学の背景となる歴史や社会などにもしばしば話は及び，科学史，そして歴史，さらに広く文明史そのものに関心のある人にとっても興味を持てるように記述しています．

2021年4月1日

三浦伸夫

目　次

第II部　古代

第Ⅲ部 アラビア

第Ⅰ部

数学史記述法

第1章

文明と数学

数学とは何か？ これは数学者と数学史家がつねに問い続けてきた問題です．これには，すでに古代ギリシャ時代にプラトンが答えたという人もいれば，20 世紀ゲーデル以降に答えが見出されたという人もいるでしょう．しかし真正面から取り組むにはあまりに大きな問題で，いつまでたっても答えに窮する問いと考える人のほうが多いのではないでしょうか．本章では，それに対する答えの一つを，数学史記述そして記述法の両方を通じて探っていきましょう．

数学史通史

計算や形の認識を数学としますと，それは天文学，医学と並んで多くの文明圏で最も古くから成立した学問領域です．したがって，数学そのものについての記述はさまざま存在してきました．数学論や数学史などで，これはすでに古代ギリシャに存在していました．ところで今日数学史書といえば，少なくとも古代オリエントから 17 世紀ころ（さらに現代）までを扱った通史としては，英語の本に限ると，古くはボール，スミス，カジョリが，そして近年ではクライン，ボイヤー，イヴズ，バートンが，最近ではフォーヴェル，グラタン＝ギネス，カッツなどの数学史書に定評があります[*1]．ボールのものは英国が中心で，スミスのものはルネサンスから近代の文献に詳しく，カジョリは初等数学が中心です．クラインの本は結局翻訳されることはありませんでしたが，ギリシャからすぐあと飛んで西洋近代に移るもので，500 ページ以上の浩瀚な作品です．イヴズも米国の大学の教科書として長らく用いられ，多くの改定版が存在しますが，どちらかというと歴史というよりも教育的な作品です．

ボイヤーのものは西洋以外にも配慮し，その丁寧な記述は今日でも数学史の基本となる書物です．フォーヴェルのものは原典資料の英訳付き解説です（この種のものに他にストルイク[*2]やスミスのものがあります）．近年亡くなったアイヴァー・グラタン＝ギネス（1941~2014）はいくつかの数学史書を残していますが，通常数学史といえば多くは純粋数学のみを対象とするなかで，物理学などの数学の応用にも配慮した重要な作品もあり貴重です[*3]．そして一人で執筆した英語による数学史としては最も

[*1] 一部の和訳をあげておく．D.E. スミス『數學史』（今野武雄訳），紀元社，1944．これは英語版第 1 巻を訳したもの．ボイヤー『数学の歴史』全 5 巻（加賀美鉄雄・浦野由有訳），朝倉書店，1983－1985．第 3 版をもとにした次の和訳が近年出版された．メルツバッハ＆ボイヤー『数学の歴史』全 2 巻，（三浦伸夫・三宅克哉監訳），朝倉書店，2018．こちらは近代以降が詳しい．

[*2] ストルイク（1894－2000）はオランダ出身の数学者でストライクと発音するが，1934 年に米国民となり，数学史のみならず科学史で著書・論文を発表している．D. J. ストルイク『数学の歴史』（岡邦雄・水津彦雄訳），みすず書房，1957．次は数学史研究で基本的作品．D. J. Struik (ed.), *A Source Book in Mathematics*, 1200－1800, Cambridge：Mass., 1969.

[*3] Ivor Grattan-Guinness, *Fontana History of the Mathematical Sciences: the Rainbow of Mathematics*, London, 1997.　1998 年の米国版では表題が変えられている．

詳しいカッツの作品は，数学史では現在最上の参考書とみなしてよいでしょう．あまりに大部なので縮約版も存在します[*4]．ほかにもまだまだありますし，また英語以外で書かれた数学史書も見逃せません．

以上のうち，グラタン＝ギネス，ボイヤー，フォーヴェルは数学史研究者で，その方面の多くの論文もありますが，ほかの多くは数学者や数学教育者です．近年の数学史の効用の一つに数学教育における使用があり，ボイヤー，カッツ，バートンの本には練習問題も含まれ，教育的配慮に富んでいます．

数学教育といえば,「民族数学」という視点もかつて強調されていました．これは何も国粋的民族主義的なものではなく，たとえばイギリスで書かれた数学教材を訳す場合，貨幣単位をポンドからその国の単位に変換しておくとか，民族固有の伝統文化にちなんだ題材を新たに挿入し，学習者に親しみやすいようにするものです[*5]．また近年の数学史の傾向として，非西洋文明圏の数学史研究の進展に伴い，それらを視野に入れたものも目立ってきています．とりわけ中国，インド，アラビアがそうです．しかし和算研究はまだまだ世界の数学史の中では位置づけが十分なされておらず，ほとんど無視されている印象です．

ところで西洋近代数学の展開はアラビア数学抜きにしては語れません．アラビア数学に関して言えば，すでにモーリッツ・カントル（1829～1920．数学史家のほうであって，集合論で著名な数学者ゲオルク・カントルのほうではありません）の浩瀚な数学史書全4巻（1900～1908）には，当時の情報をまとめたアラビア

---

*4　ヴィクターJ．カッツ『カッツ 数学の歴史』（上野健爾・三浦伸夫監訳），共立出版，2005．縮約版のほうに和訳はない．

*5　D．ネルソン，G.G．ジョセフ，J．ウィリアムズ『数学マルチカルチャー：多文化的数学教育のすすめ』（根上生也・池田敏和訳），シュプリンガー・フェアラーク東京，1995を参照．

数学の記述が見えます[*6]. 他にもアラビア数学に1章を当てた数学史書が少なからずありますが, 大半は, 古代ギリシャから西洋近代数学に至る数学史の中の一コマとしてのアラビア数学にすぎません. そこでは, アラビア数学は, 一つの「普遍的数学」である近代西洋数学を記述するためだけに存在したとされるのです. これはインド数学記述にも当てはまり, アラビアを通じて西洋に影響を与えたと評価されています. 他方で中国数学は西洋数学の流れとは別ですので, アラビア, インドとは記述の仕方が異なります. つまりアラビア, インドの数学は, 近代西洋数学に至る途中の一コマとして, 他方で中国数学は, 西洋数学とは関係がないけれどもついでに, という記述姿勢です. ところがこのような西洋数学を中心にした記述に異を唱え, そもそも数学は複数であると明言した人物がいます. まずそれを見ていきましょう.

シュペングラー

名前だけはよく知られていますが, 今日では読まれることの少ない書物は数々あります. シュペングラー『西洋の没落』もそうではないでしょうか. それは第1次大戦後すぐ1918年に出版され, 時局に適合した内容で, ドイツでは140版以上も版を重ねたとのことです. すでに日本語訳 (2巻, 上下2段組み800ページ程度) もありますが, あまりに大部なので縮約版もつくられています. しかもその縮約版の翻訳もあります[*7]. ドイツでは出版後その著作がナチに利用され (シュペングラー自身はナチとは無関係でしたが, 愛国者であることは間違いありませ

[*6] Moritz Cantor, *Vorlesungen über Geschichte der Mathematik*, 4 Bde., Leipzig, 1900–1908: rep. New York, 1965.

[*7] O. シュペングラー『西洋の没落：世界史の形態学の素描』全2巻, 定本版 (村松正俊訳), 五月書房, 2001. オスヴァルト・シュペングラー『西洋の没落』縮約版 (村松正俊訳), 五月書房, 1976. 以下本文の引用は定本版による.

ん)，一般に好評であったものの，学者世界からはずっと無視されてきた特異な書物です．シュペングラーは提供された大学のポストも断り，遺産をもとに執筆活動で生涯を終えた人物です．

本書は示唆に富む記述に溢れているのですが，論理に飛躍がありすぎ，文献操作にきわめて不確かなところがあり，今日では全体を読み通すにはかなりの覚悟が必要です(和訳では，数学や科学方面の訳語が適切ではないこともしばしばです)．アインシュタインはボルン宛の書簡で，次のような要を得た言葉で感想を述べています．

> シュペングラーはわたしのことを放っておいてはくれませんでした．人は夕べには時々彼に暗示をかけられて喜び，朝にはそれを苦笑するのです．シュペングラーの偏執癖は，すべて教師的数学から発しています．シュペングラーはユークリッド，デカルトを対比して，これを何にでも適用するのです．でも彼は――誰もが認めるように――才気があります．シュペングラー流の説は面白く，翌日然るべき才気の持主が逆の説を唱えようとすると，それもまた面白いのです．そしてどちらが真理かなど，誰がわかるもんですか！*8

ここでいう「教師的数学」とは何であるか気になるところですが，アインシュタインはシュペングラーの半可通なディレッタント的話には批判的です．

ついでに言いますと，これと似た書物に近年話題になっているバナール『ブラック・アテナ』があります*9．古代ギリシャの女神

*8 『アインシュタイン・ボルン往復書簡集』(西義之他訳)，三修社，1976, 42頁．

*9 原著は2巻で，和訳では2社から4巻に分けて刊行(3つの巻のみ既刊)．マーティン・バナール『古代ギリシアの捏造 1785–1985』(片岡幸彦監訳)，新評論，2007.『黒いアテナ：古典文明のアフロ・アジア的ルーツ』上・下（金井和子訳)，藤原書店，2004.

アテナは白い大理石でできた純白のイメージですが，実は古代においてそれは黒であったと主張し，西洋中心主義で塗り固められた，古代ギリシャを含む地中海の歴史記述の改編を迫る話題となった書物です．2 次資料からの膨大な引用文献には驚かされますが，アインシュタインが読んだら上記と同じ感想を懐いたでしょう．大変面白いのですが，少なくとも科学史に関する記述は大いに問題ありです *[10]．ちなみにバナール自身は中国史が専門で，古代地中海史は専門ではありませんが，祖父は著名なエジプト学者アラン・ガーディナーですし，結晶構造学の第一人者である父ジョン・デスモンド・バナールは科学史通史の古典『歴史の中の科学』で日本でもよく知られています *[11]．

文化形態学

さてシュペングラーに戻りましょう．冒頭は，「歴史を前もって定めようという試みのなされたのは，本書がはじめてである」という自信溢れる言葉で始まります．「西洋文化の運命がどんな形をして完成されるかを知ろうとすれば，まず文化とは何であるか」を知らなければならないと言い，本書は一種の文化形態学の書物となっています．古代ローマ・ギリシャを含む西洋はもちろん，中国，インド，アラビア，古代エジプトをも視野に入れるべきであると考えていたことは，書かれた当時としては重要です．ただし中国とインドはいまだその研究が進んでいないので詳細は不明と正直に告白しています．

それぞれの文化は独自の規範をもちながらも生成消滅してい

*[10] 批判へのバナールによる反論は，マーティン・バナール『「黒いアテナ」批判に答える』上・下（金井和子訳），藤原書店，2012.

*[11] 何度も刊行されているが，決定版は，バナール『歴史における科学』全 4 巻，（鎮目恭夫訳），みすず書房，1967.

き，文化を生命体とみなすというシュペングラーの見方は，その後の文明論研究者に多大な影響を与えました．この相対主義的歴史記述は当時としては珍しいものでした．

シュペングラーの本書は数学史の書物ではありませんが，その書物の第1章は「数の意味について」(全33頁) という魅力的な題をもち，だからこそここで取り上げるのです．そこでは数概念が文化人類学的・言語学的に比較されると期待されますが，実際はそうではなく，西洋近代文化を相対化するため，まず数を題材として各文明圏の数学の特徴を説明しているのです．元数学教師シュペングラーの得意とするところなのでしょう (ただし和訳者はこれを父の影響としている)．そこでは「数それ自体というものは存在していないし，存在し得ない」と喝破し，存在するのはギリシャ・ローマや，アラビア，インドなどの文明に固有の形式の数が存在しているだけだと断言します．さらにエウクレイデスもデカルトもガウスも，その数学は，形式，目的，方法，そして核心において相互に根源的に異なるという厳密な相対主義の立場を表明しています．

シュペングラーはまず文明や数学をアポロ的，マギ的，ファウスト的に三分し，ギリシャ・ローマ，アラビア，西洋近代をそれぞれにこの3つに対応させます．アポロ的数学とは，ピュタゴラスに始まり，数を感覚できるすべての物の本質とし，その後幾何学が発見されると，エウクレイデス的数学となるというものです．次に来るのはマギ的数学で，これはアラビア数学に見られるものです．第3番目のファウスト的数学は，デカルトに始まりコーシーやオイラーなどによって発展された近代数学です．以上の3つの範型が発生，成熟，衰退と展開し，固有に完結していくと言います．アポロ的とファウスト的とはさらに3部構造になって展開していくとしていますので，和訳 (100頁) から図式化しておきましょう．

●ギリシャ・ローマ（アポロ的）

1. 新しい数の観念（前540年頃）
   ピュタゴラス学派
2. 体系的発展の頂点（前450~前350）
   プラトン，アルキュタス，エウドクソス
3. 数世界の内的終結（前300~前250）
   エウクレイデス，アポロニオス，アルキメデス

これが近代西洋では次に対応すると言います．

●近代西洋（ファウスト的）

1. 関係としての数（1630）
   デカルト，フェルマ，パスカル，ニュートン，ライプニッツ
2. 体系的発展の頂点（1750~1800）
   オイラー，ラグランジュ，ラプラス
3. 数世界の内的終結（1800以降）
   ガウス，コーシー，リーマン

さらに付け加えると，これらが絵画や音楽の展開にも関係づけられるとし，蘊蓄を傾けたさまざまな例が持ち出されています．ここではシュペングラーは同型的類別を用い，各時代の数学者の役割が対応するとみなしています．たとえば，ピュタゴラスは時代の端緒としてデカルトと同型関係にあるというのです．こうしてシュペングラーの主張は，ギリシャ数学の絶頂がエウクレイデス，アポロニオス，アルキメデスで終結したように，近代数学はそれらと同型の19世紀のガウス，コーシー，リーマンで終わるであろうということなのでしょう．類型という発想自体は独創的でも，使用した歴史的題材はきわめてありきたりです．また彼は，カントル，ヒルベルトなど19世紀末以降の数学の発展を考慮していないようで，ここにも彼の主張の限界があります．

シリア数学

しかし，シュペングラーの記述で注意したいのはアラビアの取り扱いです．ここでアラビアというのは，今日一般的に言われているアラビア数学の時代，すなわち8~15世紀頃だけではなく，イスラームが成立する以前のシリア文明の時代をも含めています．この地域は古代のアッカド語（メソポタミア地域）に代わってアラム語（シリア地域），そしてその方言であるシリア語が1000年以上もの間共通言語となっていました．知られているように，古代ギリシャ文明はシリア文明圏のネストリオス派キリスト教徒などによってアラビア世界に移入されます．アラビア数学をこのようにシリア文明圏をも射程に入れて捉えると，この時代の数学の位置づけが従来とは異なる仕方でできるのではないでしょうか．このシリア文明圏の数学をシリア数学と呼ぶことにします．といっても，その数学自体の実態は不明で，今日知られていることは，3世紀から8世紀頃までにギリシャ語からのシリア語訳が存在したことくらいで，誰が何をどこで翻訳したかの詳細はわかりません．さらにギリシャ語著作への注釈や，シリア語著作からアラビア語への翻訳があったし，シルクロードのネストリオス派を通じて，アラビアやペルシャの数理科学が中国にまで伝えられた可能性がないわけではないことも付け加えておきます．

ネストリオス派はインド南部ケーララ州にも普及したので，インドも相互交流の射程に入れてよいかもしれません．さらにケーララ州では，後にインド最大の数学者マーダヴァ（1340頃~1425）が活躍し，さらに西洋の東アジア貿易の拠点として東西数学の接点になった可能性もあり，近年南インドの数学は数学史上で関心が高まっています[*12]．

ここでシリア数学に関連する人物について簡単に述べておき

[*12] 次が詳しい．George Gheverghese Joseph, *A Passage to Infinity*, New Delhi, 2009.

ます．ケンネシュレー（キンナシュリーン）修道院（現シリア北部）で教えたニシビス（現トルコ）出身のシリア正教会徒セーボーフト（? ~ 666/67）は，今日アラビア数字と呼ばれるインド起源の算用数字に言及した最古の人物として知られています．また初期アラビア数学で最大の数理科学者サービト・イブン・クッラ（826~901）は，ギリシャ文化を継承した地であるハッラーン（現トルコ）出身のシリア人で，シリア語でも作品を書いています．その後13世紀頃には，ラテン語名でもよく知られたバル・ヘブラエウスというシリア人大学者も出ています．こうしてシリア数学は，古代ギリシャ数学時代後半のコンスタンティノポリスを中心とするビザンツ数学（6~13世紀頃），そして従来のいうアラビア数学（8~15世紀）とも時代的に交差し，古代ギリシャ数学，バビロニア数学をアラビア数学に伝達した可能性があることを忘れてはなりません．今後この伝達という役割以外に，シリア数学の詳細がさらにわかるといいのですが．

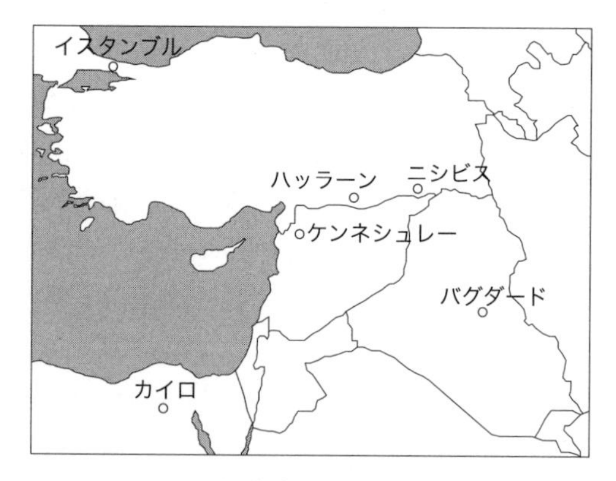

地中海東岸世界

ディオファントス『算術』の位置付け

ディオファントスは，紀元後250年頃アレクサンドリアで活躍したとは言われていますが，歴史資料からすると必ずしもそれは確定的ではありません．ギリシャ語で書かれたその『算術』は，今日からみると代数的であり，エウクレイデスやアルキメデスなど，他のギリシャ数学の幾何学的作品と同列に置くことは極めて難しい存在です．ヘロンの公式で今日名前の知られているヘロンも，古代科学史家ノイゲバウアー (本書第6章参照) によると，紀元後35年頃活躍したとされていますが，学界すべての合意があるわけではなく，その活動年代は不確定です．また彼には面積と長さを加えることを許容するなど，ギリシャ的とは言えない記述も見られます*13．こうしてディオファントスもヘロンもギリシャ語で著作したのですから「ギリシャ数学」者とは言われていますが，数学史上の位置づけは必ずしもはっきりとはしていないのです．そこにオリエント (古代バビロニア) の影響があることはすぐに想像されますが，それを裏付ける歴史資料は見つかっていません．

ここでシリア数学，すなわちシュペングラーで言えば「アラビア数学」にディオファントスを位置付けると，ともかくもおさまりがよくなります．東方の影響下にあるということを示すからです．その『算術』は13巻から成立していることは確かですが，そのうち現存しているのは計10巻のみです．ギリシャ語版6巻とアラビア語版4巻で，13巻の構成は内容から判断して，ギリシャ語版は1~3巻と8~10巻，アラビア語版は4~7巻であると推定できます．19世紀ドイツの数学者で数学史でも著名なヘルマン・ハンケル (1839~1873) は，ディオファントスの数学がギリシャ的ではないとしてディオファントスをアラブ人としています．また現存アラビア語版4~7巻は，他のギリシャ語の巻と比べ明らかに記述が異なるので (詳細で，しかも記号法がないなど)，この4つの巻は，古代ギリシャ数学盛期末の女性数学

*13 今日的に言うと，古代ギリシャ数学の主流における計算は，同次，同類を基準としていた．つまり平面＋立体，長さ＋面積などは考えないとしていた．

者ヒュパティア（？～415）が書いたと伝えられている注釈をアラビア語訳したものであると主張する数学史家もいます*14.

アラビア数学の独立性

シュペングラーはアラビア数学の固有の完結性も指摘しています．その主張を活かして考えていくと，アラビア数学はその後の西洋近代数学のためにだけ存在したのかという問題に行き着きます．たしかにフワーリズミーなど初期アラビア数学は，「12世紀ルネサンス」にラテン語訳され西洋に受容され，それが契機で西洋中世数学は展開してはいきますが，他方で西洋に紹介されなかったアラビア数学も存在しました．というよりもそのほうが圧倒的に多いのですが，それは固有に展開していき，オスマン帝国末期に固有に完結していきます．つまり西洋数学に影響を与えることはなかったアラビア数学が存在するのは明らかです．数学史においてはどうしても現代数学が起点にあり，それに集結していく数学のみが関心の対象になってきたのですが，この西洋近代数学を中心とする見方にシュペングラーは待ったをかけたのです．

シュペングラーの議論の詳細は今日の常識からいうとあまりに問題が多いのはもちろんです．しかし，数学史を発展の歴史ではなく，文明圏ごとに相対的に捉え，その形態や固有の原理を比較検討することが必要であるという視点は，今日からみると評価できるものです．このような視点からとられた歴史記述は，クーン以降科学史記述の領域では常識ではありますが，数学史で取り入れられることは多くはありません．ただし近年の

*14　ディオファントス『算術』のアラビア語版は，ラーシェド（1984）とセジアーノ（1982）がそれぞれ独立して仏訳，英訳付テクストを公刊しているが，この説はセジアーノ説であり，ラーシェドはそれには反対している．

カッツ編集の非西欧数学原典翻訳集[*15]，最近翻訳公刊された『Oxford 数学史』[*16] などにその視点が見られ，またブルア『数学の社会学』もシュペングラーに言及することを忘れてはいません[*17].

ところが和算の伝統がある日本では西洋数学を相対化できる環境にあり，以上の視点は常識的になっていると言えます．そのような日本で行われた研究をあげておくと，「比較数学史」という枠組みで最初に明快に論じたのが伊東俊太郎「比較数学史の地平」で，それを序章とする『中世の数学』には，固有の文脈で展開するギリシャ，アラビア，インド，中国の数学が含まれています[*18].

『西洋の没落』の主張によると，第一次世界大戦後西洋文明は秋から冬の時代に突入し，もはや没落は不可避であるということになります．この歴史観自体に今日賛同はできませんが，彼の文化形態学の視点から学ぶべきことは少なくありません.

以下の章でも，この文化形態学的視点に立って話を進めていくことにします．つまり数学を連続的直線的に展開し現代数学に至るとするよりも，可能な限り文化や時代に固有のものと捉え，さらに様々な制約を受け数学史は記述されてきたのだと考

[*15] Victor Katz (ed.), *The Mathematics of Egypt, Mesopotamia, China, India, and Islam: A Sourcebook,* Princeton, 2007. 近年さらに次も出版された．Victor Katz *et al*. (eds.), *The Mathematics of Medieval Europe and North Africa*, Princeton, 2007.

[*16] ロブソン & スティドール（編）『Oxford 数学史』（斎藤憲・三浦伸夫・三宅克哉監訳），共立出版，2014.

[*17] D. ブルア『数学の社会学：知識と社会表象』(佐々木力・古川安 訳), 培風館, 1985.

[*18] 伊東俊太郎（編）『中世の数学』，共立出版，1987 の「比較数学史」「世界の数学史」という視点は, さらに佐々木力『数学史』, 岩波書店, 2010 にも見られ, 両者とも冒頭でシュペングラーに言及している.

えようというものです．しかし個別の文化圏，さらに文明圏すべてを取り扱う能力はありませんので，古代オリエント，古代ギリシャ，そして中世アラビアを中心に，従来取り上げられることの少ない資料を題材にして，その記述のなかに各文明圏固有の数学史の記述を見ていくことにします．

第2章

数学の起源

数学の起源を問う場合，その数学とはいったいどのようなものを指すのかを最初に定義しておく必要があります．今日の数学のような論証数学であれば，ギリシャのエウクレイデスがその象徴的始原でしょうし，単に計算や測量であれば，ギリシャ以前の様々な文明，さらには文明と名付けられる以前の時代にもその始原が見られるでしょう．では歴史上数学はどのように考えられていたのでしょうか．本章では，まず西洋で数学の起源がどのように理解されていたかの一端を見ておきましょう．

二つの起源

古代エジプトにもメソポタミアにも数学の起源に関して議論された史料は残されておらず，最初の記述は古代ギリシャのものです．

ヘロドトス（前 484~425）はその『歴史』（第2巻 109）でセソストリス王についてこう述べています．

祭司たちの語るところでは，この王はエジプト人ひとりひとりに同面積の方形の土地を与えて，国土を全エジプト人に分配し，これによって毎年年貢を納める義務を課し，国の財源を確保したという．河の出水によって所有地の一部を失うものがあった場合は，当人が王の許へ出頭して，そのことを報告することになっていた．すると王は検証のために人を遣わして，土地の減少分を測量させ，爾後は始め査定された納税率で（残余の土地について）年貢を納めさせるようにしたのである．私の思うには，幾何学はこのような動機で発明され，後にギリシャへ招来されたものであろう．現にギリシャ人は，日時計，指時針〔＝グノーモーン〕，また，一日の十二分法をバビロニア人から学んでいるのである [*1].

ここには伝聞や想像上の表現が見られ，さらにヘロドトス自身実際にエジプトを訪問し見聞きしたのかどうかについて疑問もありますが，古代エジプトでは土地測量を担当していた「縄張り師」（アルペドナプタイ）が実際にいたので，以上の話も否定はできません．いずれにせよこの記述から，

土地 ($\gamma\tilde{\eta}$) ＋測量する ($\mu\varepsilon\tau\rho\acute{\varepsilon}\omega$)

＝土地測量術 ($\gamma\varepsilon\omega\mu\varepsilon\tau\rho\acute{\iota}\eta$) ⇒ 幾何学 ($\gamma\varepsilon\omega\mu\varepsilon\tau\rho\acute{\iota}\alpha$)

と言われるようになったことはよく知られています [*2].

他方，アリストテレスはその『形而上学』(981 b 22–24) で，以上とは一見矛盾する言葉を残しています．

ここに，快楽を目指してのでもないがしかし生活の必要のためでもないところの認識（すなわち諸学）が見いだされた．しかも最も早くそうした暇のある生活を送り始めた人々の地方

*1 ヘロドトス『歴史』上（松平千秋訳），岩波文庫，1971，226 頁.

*2 『塵劫記』など和算書でも面積を求める問題を検地と呼ぶ.

において最初に．だからエジプトあたりに最初に数学的諸技術がおこったのである．というのは，そこではその祭司階級のあいだに暇な生活をする余裕が恵まれていたからである[*3]．

両者はともにエジプトをその起源とみなしていることから，古代ギリシャにおけるエジプトの影響は重要です．多くの古代ギリシャの学者がこぞってエジプト遊学したようで，そこにはホメロス，ピュタゴラス，デモクリトス，プラトンなども含まれていると古代ギリシャの歴史家ディオドロス[*4]（前1世紀）は述べています．

ところが両者は一見正反対の意見です．ヘロドトスが数学の起源を生活の必要からとみなすのに対し，アリストテレスは余暇を主張しているからです．しかしこれはエジプトの数学テクストを見れば矛盾ではないことが納得できます．

『リンド・パピルス』の数学遊戯問題

古代エジプトの数学書『リンド・パピルス』は，書記（祭司）階級が人民を統治するために行う計算法の問題を記述したものですが，末尾の問題79は余暇の数学と言ってよい次のものです．

ある財産目録	
1	2801
2	5602
4	11204
合計	19607

*3　アリストテレス『形而上学』上（出隆訳），岩波文庫，1959，25頁．

*4　シチリア出身で『歴史文庫（ビブリオテーケー）』全40巻という広範囲の歴史書を書き，その一部が現存する．ディオドロス『神代地誌』（飯尾都人訳），龍渓書舎，1999，128頁．

家	7
ネコ	49
ネズミ	343
エンマコムギ	2401
ヘカト	16807
合計	19607

『リンド・パピルス』は問題の冒頭箇所を通常赤インクで，それ以降本文を黒インクで書いていますが，この問題では黒インクだけが用いられており，おそらく問題冒頭部分が欠落していると考えられます．財産目録とありますが，それは遺言で遺贈する財産の一覧という意味とも解釈できます [*5]．初項 7，公比 7 の等比数列の 5 項を求める問題のようで，ここでは 二つの方法が示されています．一つは，それよりも 一つ少ない第 4 項までの和に 1 を加え (2800+1)，公比 (7 = 1+2+4) を掛ける方法です．もう一つは，各項を足し合わせる方法です．エジプト研究家アウグスト・アイゼンロール (1832~1902) は，出てくる事物から，次のような問題の解法であると解釈しました．

> 7 つの家の 1 軒ずつにネコが 7 匹，1 匹のネコがネズミ 7 匹を取り，1 匹のネズミは 7 穂ずつのエンマコムギを食べ，1 穂のエンマコムギから 7 ヘカトの小麦が取れる [*6]．

このとき，本来コムギは全部で何ヘカトかという問題にもかかわらず，途中で各項の合計を求める問題の方に関心が移ってしまい，作者は $7+7^2+7^3+7^4+7^5$ を計算してしまっているというのがアイゼンロールの解釈です．そうするとここでは，作者の関心はもはや日常生活に出くわす具体的問題ではなく，余

*5 『リンド数学パピルス』全 2 巻（吉成薫訳），朝倉書店，1985；I, 202 頁.

*6 『リンド数学パピルス』II, 73 頁.

暇に楽しむ遊戯問題に関心があったといってよいでしょう．すなわち古代ギリシャ時代を待つことなく，すでに古代エジプトでは余暇の数学が展開していたようです．『リンド・パピルス』の内容自体は紀元前 1800 年頃のもので，現存するのは紀元前 1550 年頃書き写されたものですから，それから 1000 年以上も後のアリストテレスの生きた時代のエジプトでも，もちろん余暇の数学が存在し続けたと考えてもよいでしょう．ただしそのことを示す資料は見つかってはいませんが．

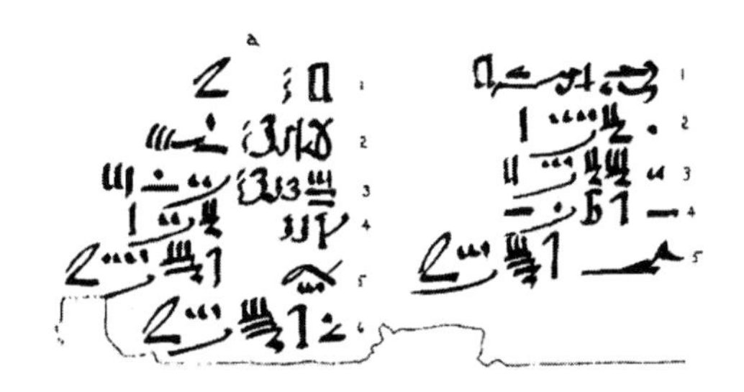

『リンド・パピルス』問題 79（出典：『リンド数学パピルス』II（吉成薫訳），朝倉書店，1985，203 頁）

さて，西洋ではアリストテレスの影響は絶大であるにもかかわらず，数学の起源はヘロドトスによる説明のほうが採用されたようです．その理由の一つは，5 世紀の新プラトン主義者プロクロス（412 頃~485）の『エウクレイデス「原論」第 1 巻注釈』の影響によるものです．そこでは次のように述べられています．

> …多くの歴史家が語っているように，幾何学は最初エジプト人により発明され，土地を測量することに起源をもっていたと我々は言う．ナイル河の増水が各々の土地の境界線を消してしまうゆえに，土地の測量はかれらにとって必要なものであった．この幾何学やその他の学問の発見が必要性から生じたことは驚くことではない．というのも，生成するものはすべて不完全なものから完全なものへと進んで

> いくからである．よって，感覚から考察へ，さらに考察から知性のより高貴な活力へと移行が自然に生じるであろう．こうして，数の正確な学問がフェニキア人における貿易や通商の必要性から始まったように，幾何学は上述したことに起因してエジプト人たちのもとで発明されたのである[*7]．

こうして，幾何学はエジプト，算術計算はフェニキアが起源という説が確定しますが，プロクロスのこの書は中世アラビア世界でも中世ラテン世界でも知られなかったようで，数学の起源の議論が再燃されるのは，その書物が印刷公刊されたルネサンス期になってからです（1533年にギリシャ語テクスト，1560年にラテン語訳が出版）．

では，西洋ルネサンスの時代に数学の起源はどのように考えられていたのでしょうか．そこにはユダヤ人の役割が述べられています．

数学の父アブラハム

フラウィウス・ヨセフス（37~100頃）は，ローマ時代のユダヤ人著述家で，その『ユダヤ古代誌』は，ユダヤ人の歴史を旧約聖書を素材にして語った浩瀚な書物です[*8]．数学の起源では，アダムの子の一人セツ（セートス）とその子孫の話が重要になります．その話はこうです．

---

*7　Glenn R. Morrow, *A Commentary on the First Book of Euclid's* Elements, Princeton, 1970, pp. 51–52. プロクロスは，この記述に引き続いてタレスに始まるギリシャ数学の展開を詳細に述べている．

*8　フラウィウス・ヨセフス『ユダヤ古代誌』全11巻（秦剛平訳），山本書店，1979–1984.

セツとその子孫は「天体に関する学問やその整然たる配列について様々な発見をした」と言われています．さしずめセツは最初の「科学者」と言えるでしょう．さらに彼らはその発見が大火や洪水で失われないよう，念の為2本の柱，大火に耐える煉瓦の柱と洪水に耐える石の柱を立てておいて，そこに人類への貢献である自分たちの発見を刻み，後世に伝えたというのです．ここではアダムがそれら災害を予言したことにも触れられており，そうするとアダムは最初の「占星術師」となります．ところでここでは2本の柱と言及されていますが，1945年に発見された『ナグ・ハマディ文書』(3世紀後半から4世紀に筆写）では，書かれた内容は異なるものの「セツの3つの柱」の記述があります*[9]．そこでは神的存在が賛美されていますので，おそらく伝承の過程で内容が大幅に変容していったのでしょう．

さて最後にヨセフスは石の柱について，洪水にも耐えて「それは現在でもセイリスの地に残っている」と付け加えています．ただしこの地がどこなのか現在では不明です．ヨセフスは述べてはいませんが，おそらくは洪水の後ノアがその柱を発見し，古代の学術を復興させたのでしょう．こうしてノアから数えて10代目のアブラハムが登場します．

> 彼はこのような集会〔＝エジプトで各派がいがみ合っている現場〕で，最高の知識を備えているばかりではなく，教えようとした主題について聞き手をつねに納得させる力を持つ偉大な賢人という賞讃を博すると同時に，彼らに算術をすすんで教え，また天文学を伝えた．エジプト人は，アブラハムが来るまではこれらの学問を知らなかったのである．こうしてこれらの学問はカルデア人のもとからエジプトへ

*9 『黙示録』（ナグ・ハマディ文書 4）（荒井献訳），岩波書店，1998.

入り，そこからギリシャ人に伝わったのである [*10].

アブラハムはカルデアの地からカナアン（一般的にはカナンとして知られる）に移り，その地を子孫に残したのです．このヨセフスの話は，西洋ではルネサンス期にしばしば取り上げられます．とりわけイタリア人歴史家でイギリスで活躍したポリドア・ヴァージル [*11]（1470 頃~1555）は，『事物の発見について』(1499) 第 18 章で，幾何学はエジプト起源，算術はフェニキア起源というよく知られた話に，このヨセフスの話を付け加えています．

それによると，幾何学と占星術の起源はユダヤ人に帰せられ，彼らは神に讃えられ長生きしたので，それらをずっと継続して研究することができたとのこと．

> アブラハムもまたユダヤ人たちに占星術とともに算術をもたらしたとヨセフスは示唆しています．というのも，アブラハムがエジプトにやって来るまで，エジプト人たちはこれらの事柄にまったく無知であったからです．著作家マルクス・トゥッリウス〔＝キケロ〕が言うように，ピュタゴラスがその後この学問に多くを付け加えたと言われています [*12].

ヨセフスにならってヴァージルはユダヤ人たちの功績をことさら讃えています．そして算術の始原をユダヤ人とし，さらにそれをユダヤの父アブラハムまで遡らせ，こうしてその伝統が西洋で確立していきます．つまり

---

*10　フラウィウス・ヨセフス『ユダヤ古代誌』第 1 巻（秦剛平訳），山本書店，1979，102 頁．ここでギリシャ語のテクストの「天文学」は，写本によってアストロノミアーであったり，アストロロギアーであったりするという．

*11　イタリア語ではポリドロ・ヴェルジリオと呼ばれる．

*12　Polydore Vergil, *On Discovery*, ed.tr.by Brian P. Copenhaver, Cambridge: Mass., 2002, p. 149.

アダム ⇒ セツ ⇒ ユダヤ（アブラハム）
⇒ エジプト ⇒ ギリシャ（ピュタゴラス）

という流れです．

以上の話は数学史書では今日取り上げられることはありませんが，18世紀頃まではしばしば言及されてきました．

ヨセフスの言説の影響

18世紀には数多く数学書が刊行されましたが，その序文にはしばしば簡単な数学史が記述されています．幾何学ですと，古代ギリシャのエウクレイデスやアルキメデスについて詳しく述べられています．ところが算術では，彼らに代わる数学者は誰かと考えるとなかなか思いつきません．確かに西洋中世であれば，ボエティウスも算術の権威として存在したでしょうが，その算術は18世紀においてはもはや時代遅れですし，アラビア数学はまだ西洋では十分には再発見されていません．そこで様々な逸話を探すことになりますが，一般向きの書物の算術では，いまだにヨセフスの話が頻繁に引用されていたのです．

たとえば，18紀によく読まれたテンプル・クロッカー（1729頃~1790頃）の『学芸と科学の完全事典』（全3巻，1764）では，算術（arithmetic）の項目は次の記述で始まります．

> この計り知れない学問の発明に関して我々はほとんど知識を持ち合わせておらず，歴史は，発明者に関しても時代設定に関しても沈黙している．ある者はセツとし，またある者はノアとするが，トルコ人たちは彼らが呼ぶところのエドリスであるエノクとする*13．多くの人々は，商業の導入と

*13 エドリスはアラビア語のイドリースに由来する．旧約偽典『ヨベル書』4.17では，エノクは「天のしるしをその月の順序にしたがって本を書きしるし」たという．『聖書外典偽典』第4巻，教文館，1975，36頁．

ともに勃興したと考え，したがって洪水後約1000年に繁栄しだしたテュロス人たちの商業に算術の始原を設定している．ヨセフスが言うには，アブラハムはエジプト滞在中にエジプト人たちに算術を教えたという．他方，プリニウスとストラボンが言うには，ナイル川の氾濫が算術と幾何学との発見の契機になったという．しかしながら，それはそうとして，それら二つの学問は高度に尊敬され，神学をそれらの基礎においた司祭たちにまかされていたことは確かなのである．ギリシャ人たちは算術の知識をエジプト人たちに負っている[*14]．

クロッカー『学芸と科学の完全事典』(1764) 第 1 巻の見事な表紙裏扉

[*14] Temple H. Croker, *The Complete Dictionary of Arts and Sciences*, 3 vols., London, 1764. 第1巻の「算術」の項目．なおこの項目を含め数学関係はサミュエル・クラーク執筆による．

この記述はこの百科事典のみならず，様々な算術書でも繰り返されます．18 世紀においてさえ，算術の始原にはヨセフスの言説の影響が大きいのです．算術入門書は，大物の登場人物が少なく話題性に欠け，さらに計算法の手順ばかりでどれも味気のないものですが，こういった記述があると読者も算術に興味が湧くことになったのかもしれません．他方，幾何学には話題性が事欠きません．

文明化の象徴としての数学

古代ギリシャの哲学者でキュレーネー派の祖アリスティッポス [*15] (前 435 頃 ~ 前 355 頃) の難破船の話には，文明化の象徴としての数学が見られます．これは古代ローマの建築理論家ウィトルウィウスが『建築論』第 6 章冒頭で最初に述べたものです．

> ソクラテス学派の哲学者アリスティッポスは，難破してロドス島の海岸に打ちあげられ，そこに幾何学図形の描かれているのに気づいたとき，仲間の者たちに向かって「きっといいことがあるぞ．人の跡が見つかったぞ」と呼ばわったということです [*16].

その後アリスティッポスはロドス島の学校で哲学を教え，そこで贈り物を与えられたという．そして，仲間が故国へ帰ろうとするとき，彼に留守宅に何を知らせたいかと尋ねると，彼は，「難破船から持ち出して泳いで逃げることができるような，荷物

[*15] 狡猾で快楽主義の人物として次に詳しく描かれている．ディオゲネス・ラエルティオス『ギリシア哲学者列伝』上（加来彰俊訳），岩波文庫，1984, 171–205 頁．なおキュレーネーとは古代ギリシャの都市で，現在のリビア東部．

[*16] 『ウィトルウィウス建築論』(森田慶一郎訳), 東海大学出版会, 1979, 145 頁．訳文を一部変更．

と旅費を子どもたちに準備しておいてやることが必要だ」と伝えるよう依頼したとのこと．とても抜け目ない伝言です．

ただし一言付け加えれば，数学的諸学問は善悪について何ら言及しないので，ソフィストであるアリスティッポスは数学を馬鹿にしていたとアリストテレスは『形而上学』（第３巻第２章996a30）で述べています．

さて，ここでは幾何図形が教養ある者の象徴として取り上げられています．幾何学こそまさに人間の創りだした素晴らしい創造だというのです．この話を描いた図版は，後にスコットランドの数学者デイヴィッド・グレゴリー（1661~1708）編集による『エウクレイデス全集』（1703）の冒頭に採用されます．

浜辺で幾何図形を発見し，「人の跡が見つかった」と叫ぶアリスティッポス．オックスフォード版『エウクレイデス全集』(1703)．地面に描かれた図形は『原論』II−11，I−32，I−20 と解釈できる．本書第７章も参照

人を引き付けるこの見事な図版は，オランダ出身でのちにオックスフォード大学出版会で雇用された彫刻師マイケル・バーガ（1640~1723）によるものです．オックスフォード大学は古代ギリシャ数学書のシリーズを刊行し，アポロニオス*[17]やアルキメデスの編集本でもその図版を使い回ししています．面白いことに，ハリ編集のアポロニオス『円錐曲線論』では，描かれた図形が円錐曲線に変更されています．

ハリ編集のオックスフォード版アポロニオス『円錐曲線論』（1710）

いずれにせよここでは，18 世紀西洋のギリシャ数学復興の時代にあって，ロドス島の住民がどのような人々であったかは明らかではありませんが，彼らはすでに文明化され，つまり幾何学を知っており，そこではもはやエジプトもユダヤも登場しません．

それでも一般書には，算術だとヨセフスの話が，幾何学だと

*[17] 正式にはアポッローニオスであるが，本書では一般的に用いられている表記にする．

アリスティッポスの話も出てきますが，少し専門書になりますと，それらの記述は批判されていきます．

たとえば，代数学史の記述では最も詳しい部類に属する初期の作品に，ロバート・ポッツ（1805~1885）の『初等代数学，および短評とその歴史』(1879) があります *[18]．そこでは 120 頁にわたって詳細に代数学史が述べられています．冒頭では算術に関してユダヤ，フェニキア，エジプト，ローマの順に触れられてはいますが，セツの話への言及はありません．それどころかポッツの『ユークリッド幾何学原論』(1846) では，「この主題についてのヨセフスの報告の伝統は，歴史的真実を伝えるものとはほとんど考えることはできない」とまで断言しています *[19]．

18 世紀では，一般書に数学の起源への言及がなされていますが，19 世紀になると歴史資料の批判的研究からその記述は影を潜め，それにかわって数学の実用性のほうが強調されていくようになります．数学の始原の話自体がこのように興味深い歴史を持っているのです．

＊[18] Robert Potts, *Elementary Algebra, with Brief Notices and its History,* London, 1879.

＊[19] Robert Potts, *Euclid's Elements of Geometry*, London, 1846.

第3章
ネッセルマンの代数学史

18~19 世紀は数学史書を含め書物が次々と出版されました．政治的混乱により貴族が保管していた多くの写本が市場に出回り，印刷が盛んとなったからです．また歴史に関心が出てきました．とりわけロマン主義の時代には，古代ギリシャへの関心が沸き起こり，ギリシャ数学史研究も盛んになってきます．数学史記述には時代や立場に制約を受けることがあります．本章ではドイツのネッセルマンを中心に述べ，イタリアのリブリ，フランスのシャールにも一言触れておきます．まずリブリから．

リブリ事件

リブリ事件という書物史上重大な盗書事件がありました [1]．主役のグリエルモ・リブリ（1803~1869）は『イタリア数理科学史』全 4 巻（1838~1841）で今日数学史研究上名前を残していますが，彼はまた数学者でもあり，その交友には数学や数学史に関係する人々がたびたび登場します．まずそれを見ておきましょう．

---

[1] 拙稿「リブリ事件」，『現代数学』48 (10)，2015，69–74 頁参照．

リブリを支援し生涯友情を超えた関係にあったマリ = ソフィ・ジェルマン (1776~1831) は，今日リブリの追悼文のみでその人物像が伺える女性数学者で，乳癌で亡くなる前の絶筆もリブリ宛書簡です (I. ジェイムズ『数学者列伝 I』蟹江幸博訳，シュプリンガー・フェアラーク東京，2005，80–81 頁 で読むことができる)．彼女の若いころの愛読書はエティエンヌ・ベズー (1730~1783) の教科書とモンテュクラ『数学史』です．女性であるゆえに数学教育を受けられなかったことから，これらの書物によって数学世界に導かれたのです．

ところでリブリはロンドンで手持ちの稀覯書を販売しますが，その買い手のなかにはローマの数学史家バルタッサーレ・ボンコンパーニ (1821~1894) がいます．購入した手稿と稀覯書の一部は死後数学者ヨースタ・ミッタク = レフラー (1846~1927) の手に渡り，現在スウェーデンに所蔵され，そこには数学者アーベルの自筆原稿が含まれていることで今日有名です [*2]．リブリ事件でリブリを支援した人物には，数学者オーガスタス・ド・モーガン [*3] (1806~1871) がいます．彼はまた数学史に詳しい人物としても著名です．

またリブリと交友関係こそありませんでしたが，ジェームズ・オーチャド・ハリウェル (1820~1889) も興味深い人物です．わずか 19 歳に満たずして英国の王立協会会員に選出された天才です．17 歳でケンブリッジ大学を中途退学し，図書館員となる一方，ジョージ・ピーコック (1791~1858) のもとで数学を研究しましたが，やがて英文学史が専門となります．シェイクスピア学者としては今日でもきわめて著名で，人名事典にも必ず登場する学者です (たとえば *DNB*, vo. 24，1890，pp. 115–120)．

---

*2　ボンコンパーニについては次を参照. 三浦伸夫『フィボナッチ』, 現代数学社, 2016，321–334 頁.（以下,『フィボナッチ』と言及）

*3「ド・モルガンの法則」で知られる.

他方で『稀覯数学書集』(*Rara mathematica* *4, London, 1839)を出し，中世のサクロボスコ『計算術』，ヴィルディユーのアレクサンドル『アルゴリズムの歌』をはじめ，所持する写本をもとに英国を中心とする中世・ルネサンス期数学テクストを出版しています(伊東俊太郎(編)『中世の数学』共立出版，1987 に一部が翻訳所収)．今日からすると史料批判が十分ではありませんが，それでもこの種のものでは今でも参考となる原典資料です．そこには解説が付けられていないので，別に数学史記述として『初期英国数学史』を執筆したようですが，結局出版されなかったのは残念です．また数学史研究でも著名なヘンリー・サヴィル卿(1549~1622)が収集したオックスフォードに所蔵されている数学書の目録『サヴィル図書』も作成し，『考古学者と古物科学雑誌』(1841~1842)という英国では最古の部類の科学史関係の雑誌も編集しています．

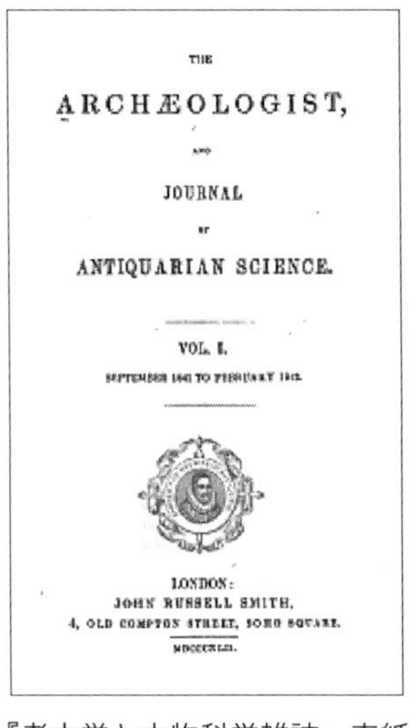
THE
ARCHÆOLOGIST,
AND
JOURNAL
OF
ANTIQUARIAN SCIENCE.
VOL. I.
LONDON:
JOHN RUSSELL SMITH,
4, OLD COMPTON STREET, SOHO SQUARE.

『考古学と古物科学雑誌』表紙

それよりもここで興味深いのは，このハリウェルは，出身のケンブリッジ大学トリニティ・コレッジのその図書館でリブリまがいの事件を引き起こし，1845年に告訴されたことです．盗書の確証は結局得られなかったものの，これもハリウェル事件として書物史ではよく知られています．彼はすでに15歳で数学稀覯書を収集し，数学者の伝記も10代

*4　副題は，*A Collection of Treatises on the Mathematics and Subjects Connected with them, from Ancient Inedited Manuscripts* である．*Rara Mathematica* という表題の書物は，他に数学史家スミスが刊行したもの(1908)もあるので混乱に注意．

で雑誌に連載しています．1840 年にサザビーでのハリウェルのオークション販売目録には，数学書科学書の稀覯本 624 点が満載で，それを大英博物館が購入しています．

さてリブリの交遊録の話が続きましたが，本論に戻ることにしましょう．リブリは『イタリア数理科学史』全 4 巻を 1838~1841 年に刊行しましたが，同時期に独仏では，他に二つの数学史書が出ています．

シャールの幾何学史（1837）フランス
ネッセルマンの代数学史（1842）ドイツ

以上の 3 点は今日名前こそ有名ですが，もはや読まれることは少ないのが現状です．扱う対象は全く異なりますが，それぞれ 1840 年前後に書かれたので，その時代の数学史記述の雰囲気の比較に利用できます．

ネッセルマン『ギリシャ人の代数学』

ネッセルマン（1811~1881）はグダンスクに生まれ，ケーニヒスベルク大学に入学し，生涯そこの教授でした．文献学者，言語学者で，リトアニア語やプロシャ語などに関する多くの書籍を執筆し，辞書を編纂しましたが，最初に出したのが原典に基づく『ギリシャ人の代数学』です．

- G.H.F. Nesselmann, *Die Algebra der Griechen*, Berlin, 1842 .

これは現在 Google ブックスで読むことができ，ここでは内容を概説しておきましょう．

第 1 章は，「序論，準備，本書の計画」で，まずギリシャ数学史文献を紹介し，その後以下のように代数学史を 5 つに時代区分しています．

1. ピュタゴラスからディオファントスまでのギリシャ代数学

2. インドとアラビア

3. フィボナッチからボンベッリまでの西洋の数値代数学（*algebra numerosa*）
   (a). フィボナッチからパチョーリまでの2次方程式
   (b). 16世紀のタルターリャの3次方程式からフェラーリの4次方程式まで

4. 一般係数，記号代数（*algebra speciose*），ヴィエタとクシュランダーにおけるディオファントスの影響から，ニュートンとライプニッツ[*5]による微積分学の発見まで

5. 18~19世紀

第2章「代数学の様々な名前」では，次々と代数学の呼び方が登場します．アラビアでは「アル＝ジェブラとアル＝ムカーバラ」（ラテン語では *Algebra et Almucabala*）と呼ばれ，カルダーノはラテン語で「大いなる術」（*ars magna*）やイタリア語でも同様な意味で *arte maggiore* と呼び，前者はカルダーノの代数学書のタイトルにもなりました．ラムスは「思弁的計算」（*practica speculative*）と呼びますが，イタリアではラテン語で「モノと財の術」（*ars rei et census*），あるいはイタリア語で「モノの術」（*arte della cosa*）と呼ばれ，モノはイタリア語ではコーザなので，ラテン語ではさらに「コスの術」（*ars cossica*），ドイツ語では「コス」（*Coss*）と呼ばれました．ニュートンはラテン語で「普遍算術」（*arithmetica universalis*）あるいは記号算術（*arithmetica speciose*）と呼び，ハリオットは「アナリュシス術」（*ars analytica*）と呼びました．他にも代数学は様々な名前で呼

[*5] 本来の発音はライブニッツであるが，本書では一般的に使用されている名称を用いる．

ばれてきました．最後に，代数学は「アナリュシス」(*analysis*) と内容上同一とみなされるようになったと述べられています．

それ以降の章は，

第 3 章：数体系と数記号
第 4 章：ギリシャ計算術
第 5 章：ギリシャ算術
第 6 章 ~ 第 11 章：ディオファントスの著作，代数，方程式，解法,『ポリスマタ』，多角形数
第 12 章：ギリシャ算術碑文

全体の半分 (6~11 章) はディオファントス『算術』を扱い，ここにタイトルの『ギリシャ人の代数学』が由来します．

数学記号法 3 区分

ネッセルマンの作品は 500 頁弱の大部な作品で，しかも旧字体で印刷されているので，今日全体を通して読まれることはほとんどありません．それでも，第 7 章で述べられている数学記号法の歴史的変遷の 3 区分だけはしばしば引用されます．それによると数学記号法は次のように展開します．

第 1 段階：修辞代数 (rhetorische Algebra)
記号はなく，計算手順はすべて言葉で述べられる．

第 2 段階：省略代数 (synkopierte Algebra)
反復される概念や演算には，単語を省略した記号が用いられる．

第 3 段階：記号代数 (symbolische Algebra)
概念や演算はすべて記号的言語で表現される．

以上は，今日の数学史記述では，それぞれ英語で rhetorical, syncopated, symbolic と呼ばれています．

第1段階は古代ギリシャ，アラビア，そして15世紀ドイツのレギオモンタヌスまでの中世西洋の算法学派です．古代ギリシャの数学とは，ここではイアンブリコス（250頃～330頃）の数論を指し，それをネッセルマンは詳しく紹介しています．第2段階は，ギリシャではディオファントスのみがそれに属し，そして16世紀から17世紀中頃までの西洋数学です．ただしその時期のヴィエタは例外で，数値計算（*logistica speciose*）と記号計算（*logistica numerosa*）とを区別し，その作品は近代代数学の種を内在し，しばらく後にそれは芽を出したという．ようやく17世紀になって第3段階となり現代の記号数学に至るというのです．ネッセルマンの時代には，まだバビロニア数学もエジプト数学も，さらにはインドや中国の数学も西洋ではほとんど知られていませんので，インドについてはわずかに触れられているにすぎません．

このネッセルマンの3分類は批判もなく頻繁に引用されてきましたが，今日では注意が必要です．まず，アラビアではすでに第2段階の省略代数が見られることです．マグリブやアンダルシアのアラビア数学では，西洋以上に簡潔な省略法が用いられていました*6．次に，レギオモンタヌスの記号法は，自筆原稿（Plimpton Ms. 188）を調査すると，ネッセルマンの言う第2段階から少し進んで，ヴィエタと同じようなレヴェルに達していることも指摘できます．

また，省略代数とは別の記号法もイタリアでは頻繁に行われていることが知られていますが，それらはどこに分類できるか示されていません．ラファエロ・カナッチ（15世紀後半）が始めたとされるその記号法は，フィレンツェの算法教師フラン

*6　これについては次を参照．三浦伸夫『数学の歴史』改訂版，放送大学教育振興会，2019，97–98頁．

チェスコ・ガリガイの『算術の実践』(1552) で多用されています．平方は□，立方は□□などです．下図のようになり，たとえば 7 次はプロニコと呼ばれ図のようになり，8 次は□ di □ di □ (2 次の 2 次の 2 次) と書かれています．

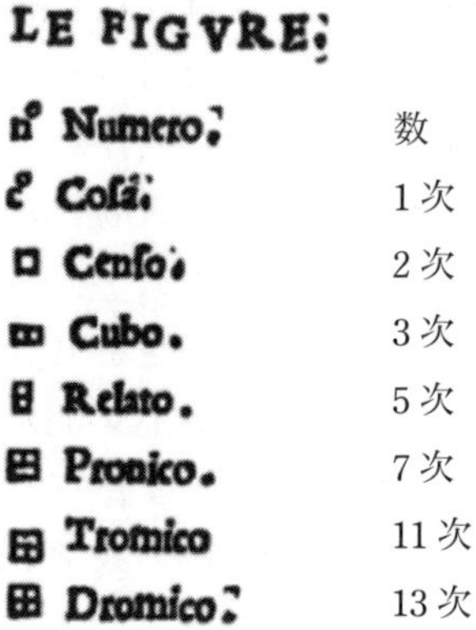

LE FIGVRE.

Numero.	数
Cosa.	1 次
Censo.	2 次
Cubo.	3 次
Relato.	5 次
Pronico.	7 次
Tromico	11 次
Dromico.	13 次

ガリガイ『算術の実践』(1552)，71 v.

最後に指摘できることは，ディオファントスのテクストには確かに省略記号が見られますが，ディオファントス自身が古代に実際にそれらを用いたのかどうかは確かではないことです．ネッセルマンが研究に用いたディオファントス『算術』は，クシュランダー版 (1574) やバシェ版 (1621) など近代の刊行本ですが，これらは 12 世紀のビュザンティオン (現イスタンブルの一部) で筆写されたと思われる写本を元に編集されています．そこには確かに省略記号が見られますが，これがディオファントス自身のものであったかどうかは確かではないのです．実際，その 12 世紀以前に翻訳されたディオファントスの中世アラビア語訳 (9 世紀頃) には，省略記号のことは何ら触れられていません．省略記号は重要な事柄なので，もしそれがあったのならアラビアの翻訳者は必ず言及したはずです．またこの時期に筆写されたエウクレイデス『原論』にもアポロニオス『円錐曲線論』

にも省略記号が見られる写本がありますが，古代のエウクレイデスやアポロニオスに省略記号があったとは通常は言いません．したがって，ディオファントスにおける省略記号は，後世のいわゆるビザンツ時代に作られた可能性が大と思われます．

ところでディオファントスの近代編集版は，ポル・タンヌリ（1843~1904）によってようやく 1893~1895 年に出版されるので *7，それ以前に書かれたネッセルマンの記述は時代の制約を受けています（ディオファントスの作品の独訳は 1822 年のオト・シュルツのものが最初）．とはいうもののネッセルマンの他の記述はとても正確です．ギリシャにおける数体系や概念の叙述箇所は，ヒースによる英語で書かれた『ギリシャ数学史』全 2 巻（1921）同様に今日でも十分に通用するものです．また言語学者として当然のことながらネッセルマンは多言語に精通し，しばしば見られるそのアラビア語からの引用も正確です．

アラビア語に関して付け加えると，ネッセルマンにはバハーウッディーン・アーミリー（1547~1622）の『計算法真髄』（1600 頃）の編集独訳があり（1843），これがアーミリーの作品では現在未だ唯一の近代西洋語訳です．

ネッセルマンによる数学史文献紹介

しかしここで述べておきたいのは，著作冒頭にある，16 世紀からネッセルマンの時代までのギリシャを中心とした数学史文献紹介の箇所です．この種のリストは類書には見られないので，そこに登場する文献名を概略紹介しておきましょう．

- ラムス（羅）『数学序説 3 巻．卓越したる数学者たちによって数学的諸学問が発見され磨かれたその歴史の説明』，パリ，1567．

*7 P.Tannery (ed.), *Diophanti Alexandrini Opera omnia cum Graecis commentariis*, I–II, Leipzig, 1893–1895.

- ラムス (羅)『数学講義 31 巻』，フランクフルト，1559；バーゼル，1569.
- ヨセフス・ブランカヌス[*8] (羅)『アリストテレスの著作全体から収集され説明された数学関係の箇所．数学的知識の本性についての考察と有名な数学者たちの年代記が与えられる』，ボローニャ，1615.
- センピリウスのフゴ (羅)『数学の諸分野 12 巻』，アントワープ，1635.
- フォス[*9] (羅)『普遍数学(マテーシス)の性質と構成の書．数学者たちの年代記付』，アムステルダム，1650.
- フォス (羅)『よく知られた 4 学芸についてと文献学と数理科学についての 3 巻．数学者の年代記付』，アムステルダム，1650；第 2 版　1660.
- タケ (羅)『数学(マテーシス)的叙述の起源と発展の歴史』(『平面・立体幾何学原論』の序文として)，アントワープ，1665.
- ウォリス (英)『歴史的実践的代数学論，およびいくつかの追加論文』，ロンドン，1685.
- ミリエ＝ドゥシャール (仏)『数学講義あるいは数学世界』，リヨン，1674.
- クレープス (羅)『数学の起源と古さについての論文』，イェーナ，1702.

---

*8　イエズス会のクラヴィウスの下で数学を学んだ著名な数学者で，イタリアのパルマ大学で教えた．その数学論は次に見える．東慎一郎『ルネサンスの数学論』，名古屋大学出版会，2020，pp. 249–251.

*9　ラテン名ゲラルドゥス・フォシウス（1577~1649）として著名なオランダの古典学者.

- マルペルガー (羅)『数学(マテーシス)の運命に関する歴史的数学的論文』, アルトドルフ, 1702.
- ベルナルドゥス (羅)『古代ギリシャ, ラテン, アラビアの数学の概観あるいは文書. 14巻にまとめられうると考えられる』, ロンドン, 1704.
- バルディ (伊)『数学者年代記, あるいは彼らの生涯について要約』, ウルビノ, 1707.
- ヴォルフ (羅)『約1世紀間の数学の発達目録』, ハレ, 1707.
- フェッシュ (独)『数学的諸学問全体の歴史的方法的入門』, ドレースデン, 1716.
- シュタインブリック (羅)『数学的魔術, あるいはアルゲブラについての論考』, ドレースデン, 1719.
- ドッペルマイヤー *10 (独)『ニュルンベルクの数学者と技術者の歴史情報』, ニュルンベルク, 1730.
- ビュッヒナー (独)『計算法史草案』, ヴァルデンブルク, 1739.
- ハイルブロンナー (独)『数学史試論』, フランクフルト, ライプツィヒ, 1739.
- ハイルブロンナー (羅)『世界創造から16世紀までの普遍数学(マテーシス)の歴史』, ライプツィヒ, 1741.
- グア・ド・マルヴ (仏)『実根, 虚根の研究』(『アカデミ・デ・シアンスの歴史紀要』所収), パリ, 1741.
- フロベシウス (羅)『数学(マテーシス)簡略史およびその他の予備知識, さらに数学(マテーシス)体系の構成表を含む』, ヘルムシュタット, 1750.

---

*10　ドッペルマイヤーについては本書第4章参照.

- フロベシウス（羅）『数学者たちの人名事典草案』，ヘルムシュタット，1751~1755.
- シュトックハウゼン（独）『数学の歴史的基礎』，ベルリン，1752.
- 著者不明（独）『数学と計算法全般の有用性についての徹底的な論文』，フランクフルトとライプツィヒ，1753.
- クラフト（羅）『より崇高なる幾何学の教程』，テュービンゲン，1753.
- モンテュクラ（仏）『数学史．その起源から我々の時代まで』全 2 巻，パリ，1758.
- サヴェリアン（仏）『精密学とそれに依存する技芸における人類精神の発展史．つまり算術，代数学，幾何学，天文学，日時計学，年代学，航海術，光学，機械学，水理学，音響学，音楽，地理学，建築学他．これら諸学問における最も著名な著者たちの生涯についての概観付』，パリ，1766.
- メニヒ（独）『数学教科書』のなかの「理論数学の簡潔な歴史」，ベルリン，1781~1797.
- ホレンベルク（独）『著名数学者の生涯と発見の報告』，ミュンスター，1788.
- レモアーヌ（仏）『数学初歩，あるいは算術，幾何，代数の諸原理，および円錐曲線論，・・・純粋数学と最も著名な幾何学者たちの歴史』，パリ，1789.
- ボシュ（伊）『数学の発達の情景』（フランス語からの翻訳），ミラノ，1793.
- プレンデル（羅）『代数学とその文献史』，ミュンヘン，1795.
- ギルベルト（羅）『第一数学あるいは普遍数学の性質，構成，および歴史，すなわち数学の形而上学についての論考』，ハレ，1795.

- ケストナー [*11] (独)『諸学の復興から 18 世紀の終わりまでの数学史』全 4 巻，ゲッティンゲン，1796~1800.
- コッサーリ (伊)『代数学の起源，イタリアへの移植，そこでの最初の発展．分析的形而上学的な新しい探求についての批判的歴史』全 2 巻，パルマ，1797~1799.
- ムルハルト (独)『18 世紀末の学問の状態に基づく一般量論 [*12] の原理体系，およびその文献と歴史』，レムゴ，1798.
- ボシュ (仏)『数学概説史試論』全 2 巻，パリ，1802.
- ディミトリオス・パナギオタデス・ゴヴデラス (希)『代数学原論』，ハレ，1806.

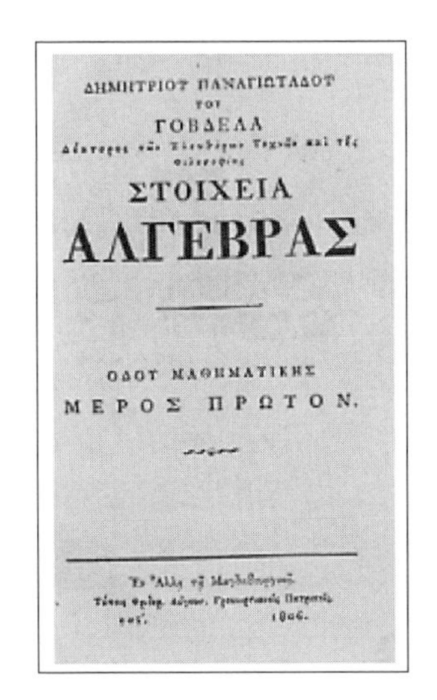

ΔΗΜΗΤΡΙΟΥ ΠΑΝΑΓΙΩΤΑΔΟΥ
ΤΟΥ
ΓΟΒΔΕΛΑ
ΣΤΟΙΧΕΙΑ
ΑΛΓΕΒΡΑΣ
ΟΔΟΥ ΜΑΘΗΜΑΤΙΚΗΣ
ΜΕΡΟΣ ΠΡΩΤΟΝ.

ゴヴデラス『代数学原論』の表紙．この書は現代ギリシャ語で書かれた最初期の代数学書で 784 頁もある

*11　ケストナーについては次を参照．拙稿「ガウスの描くケストナー」，『現代数学』 51(4), 2018, 68–73 頁.

*12　ここで量論とした原文は Größenlehre.

- ドランブル (仏)「ギリシャの算術」『アルキメデス著作集』, パリ, 1807 付録 ;『古代哲学史』, パリ, 1817 付録 (増補版).
- リューダー (独)『ピュタゴラスとヒュパティア, あるいは古代人たちの数学』, ライプツィヒ, 1800; 第 2 版　アルテンブルク, 1812.
- コウルブルク (英)『ブラフマグプタとバースカラの代数学, 算術, 測量法. サンスクリットからの翻訳』, ロンドン, 1817.
- ブーフナー (独)『インド人たちの代数』, エルビング [エルブロング], 1821.
- フランキーニ (伊)『数学史試論』, ルッカ, 1821.
- ポッペ (独)『最古から最新の時代までの数学史』, テュービンゲン, 1828.
- リブリ (仏)『イタリア数理科学史』全 4 巻, パリ, 1838~1841.
- シャール (仏)『幾何学における方法の起源と発展の歴史的概観, とくに現代幾何学との関係』, ブリュッセル, 1837; ドイツ語訳, ハレ, 1839. 以下『幾何学史』と言及.

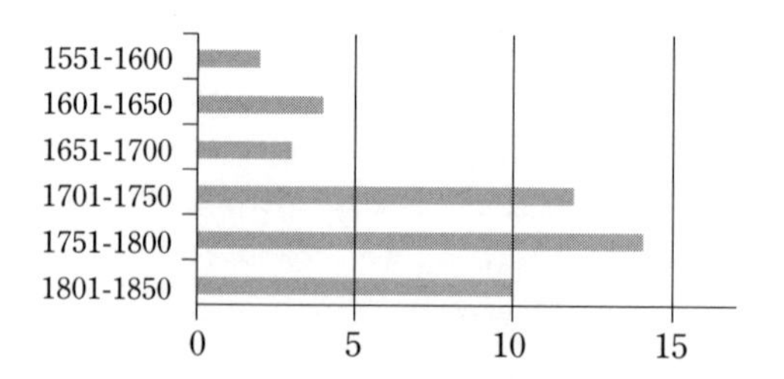

ネッセルマンの挙げる数学史書の出版点数推移

以上長々と書名を紹介しましたが, ネッセルマン以前に少なからずの数学史が書かれ, そこではギリシャ数学が必ず触れられていたことがわかります. 以上の数学史は大半がドイツ各地で公刊されたもので, ドイツにおけるギリシャ (数学) 志向が見て取れます．ただしフランス語やイタリア語の数学書にも書籍冒頭に数学史記述が含まれていることがありますが，リストにはそれらは含まれておらず，ネッセルマンはそれらの収録にまでは手が回らなかったのかもしれません．また以上のリストでは，数学を示すには，*mathematica* より広義な学問を指す *mathesis* というギリシャ語起源の言葉もいまだ使用されているのが見られます．

ネッセルマンの時代にはまだギリシャ語テクストの批判的編集版はなく，また十分な写本目録もまだ作成されておらず，利用は限られ，多くはルネサンス以降の刊本や，ネッセルマン以前のドイツ数学史文献が批判的に利用されています．タイトルは『ギリシャ人の代数学』とされ，アラビアで成立した代数をギリシャにまで遡らせるという，今日ではアナクロニスムな表題ですし，またディオファントス『算術』を現代記号法を用いて説明することもありますが，それでも元の語彙に戻って，文献学的言語学的に論じています．その意味で，ネッセルマンの記述は今日でも利用可能と言えそうです．ディオファントスの問題を 100 題解いても 101 題目を解くことはできないと後代に言われるなかで (たとえば数学史家ハンケル)，ネッセルマンは『算術』に隠された解法 (Auflösungsmethoden) を探求しようとしました．

1820 年代にはオスマン帝国からのギリシャ独立戦争が始まり，多くの西洋人が「想像上の古代ギリシャ」を求めてギリシャに向かいます．1832 年にギリシャ王国がバイエルン王を担いで誕生し，歴史家ヨハン・グスタフ・ドロイゼンが『ヘレニズムの歴史』全 2 巻 (1836~1843) を出版するのもネッセルマンとほぼ同時代なのです．ネッセルマンが最後に取り上げ乗り越えようとした文献，それはフランスのミシェル・シャール (1793~1880) の『幾何学史』(1837) です．その書については本書の後の章でしばしば言及することになります．

第4章

二つの数学者人名事典

今日，数学者の歴史的事柄を調べる際には様々な人名事典が存在します．かつては独文のポッゲンドルフの事典[*1]が重用されていましたが，今日では英文による『科学者人名事典』が最も重宝するものです．これは数学者に限定せず科学者全般が対象で，旧版の18巻はWeb上でも参照することができ便利です．さらに8巻からなる新版も必須の参考資料でしょう[*2]．この事典はヨーロッパとアラビア以外は弱いのですが，現在のところこれが一番詳しい科学者（数学者）人名事典です．では歴史上ではどのような数学者人名事典があったのでしょうか．数学史家の間では名前こそよく知られた，しかし参照することは今日ではほとんどない数学者人名事典があります．今回はそのうち，イタリアとドイツで出版されたの2点を紹介しましょう．まずはイタリアから．

[*1] J.C. Poggendorff, *Biographisch-literarisches Handwörterbuch der exakten Naturwissenschaften*, 8 Bde., Leipzig, 1863–1899.

[*2] Ch.C.Gillispie (ed. in chief), *Dictionary of Scientific Biography*, 18 vols., New York, 1981; N.Koertge (ed. in chief), *New Dictionary of Scientific Biography*, 8 vols., Detroit, 2008.

バルディ『数学者列伝』と『数学者年代記』

数学者人名事典としてはおそらく世界初の作品であろうと思われるのが，ルネサンス期イタリアで書かれたバルディ『数学者列伝』(*De le vite de matematici*, 1590 年頃執筆) です．そこには古代ギリシャ・ローマ，アラビア，西洋中世・ルネサンスの「数学者」について，イタリア語による記述が見えます．フォリオ版 1000 枚以上に書かれたとても浩瀚な作品で，長い間公刊されず写本のまま知られ，19 世紀後半になって初めて，ボンコンパーニ学派によって一部が印刷されました．古代ギリシャ・ローマの部分をナルドゥッチ (1886) などが，アラビアをシュタインシュナイダー (1872) が校訂し，ボンコンパーニ編集の雑誌に掲載しています [*3]．彼ら二人が長生きしていれば必ずや全体を出版したであろうと考えられる，数学史研究において重要な文献資料です．ようやく近年，西洋中世・ルネサンスの箇所がネンチ (1998) によって校訂・出版され，これで大半が出揃って全体像が見えるようになりました [*4]．

そこでは「数学者」としてはタレスやピュタゴラスから始まり，同時代人のクラヴィウスなどに至り，総計 202 人が取り上げられています．記述の分量はまちまちで，数行のものからピュタゴラスのように 300 頁を超える量のものまであります．しかし数学的内容や人物像にはあまり触れられておらず，むしろその人物がどのような作品を残し，それらがどのような影響を与えたか，そして歴史的にどのような意味があるかが重視されています．

当時印刷されなかった『数学者列伝』には，他方でバルディによるそのダイジェスト版とみなすべき作品が公刊されています．

---

*3　M.Steinschneider (ed.), "Vite di matematici arabi", *Bulletino di Bibliografia e di storia delle scienze matematiche e fisiche* 5 (1872), pp. 427–534.

*4　E.Nenci (ed.), *Bernardino Baldi, Le vite de' matematici*, Milano, 1998.

それは『数学者年代記』(*La cronica dei matematici*, 1707) で，そこでは365人が取り扱われています．『数学者列伝』と比べ収録人数は多く，両者は内容も異なります．こちらは「数学者」についての覚書のような書式となっており，内容の情報量は少ないハンディな人物事典です．

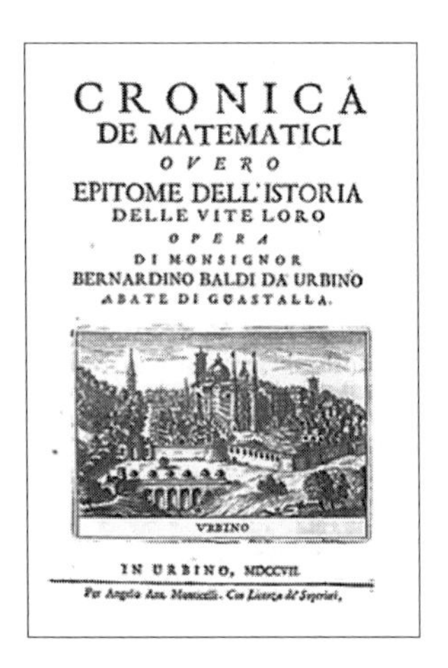

『数学者年代記』(1707) 表紙．バルディの生まれたウルビーノのドゥカーレ宮殿が見える

取りあげられた最初の人物はEUFURBOです．

> フリジアのエウフルボはギリシャの中で最初に登場し，数学的思考を打ちたて，ラエルティオスが書いているように，線や不等辺三角形を考察した．

この項目の欄外に，左に44，右に600という数字が書き加えられています．前者はオリンピアード暦の期 *5，後者は紀元前の年を示しています．ギリシャ数学史を扱った書物で最初に登場

*5　オリンピック暦とも言う．第1回オリンピック開催年（前776）からの4年間を第1期とし，4年毎に1期を加えていくもの．

するのは通常タレスですから，この人物の記述は意外といえます．この人物は，デイオゲネス・ラエルティオス『哲学者列伝』によれば，伝説上の人物プルュギアのエウポルボスを指し，最終的なその生まれ変わりがピュタゴラスであるとされています[*6]．つまり，

ヘルメスの息子 ⇒ アイタリデス ⇒ エウポルボス ⇒
ヘルモティモス ⇒ ピュロス ⇒ ピュタゴラス

という魂の転生が語られてきました．

HIPASIA つまりアレクサンドリアの数学者ヒュパティアの記述は次のようになっています．

> ヒュパティアはテオンの娘のアレクサンドリア人で，教養において感嘆すべき女性であった．そこから哲学者と呼ばれた．父によって指導され，数学に実り多い仕事をなした．プトレマイオスの天文学の基本書〔=『アルマゲスト』〕やアポロニオスの『円錐曲線論』に注釈を加えた．ディオファントスの算術についても書いている．最期は反感を買い，スイダスの言うところによれば[*7]，強硬派キュリロスによって殺された．思うに，〔キュリロスがヒュパティアを殺したの

[*6] デイオゲネス・ラエルティオス『哲学者列伝』下（加古彰俊訳），岩波文庫，1994, 15–16頁．またヒースの言うところによると，「エルポルボスは不等辺三角形や円…までも描いた最初の人である」という内容の記述がオクシュリンコス・パピルスにあるという．そしてエウポルボスはおそらく斜辺の平方に関する定理を発見したとしている．ヒース『ギリシア数学史』第1巻，（平田寛訳），1959, 75頁．

[*7] 10世紀頃ビザンツで編纂された3万項目もある百科の『スーダ辞典』を指す．ギリシャ数学史研究でもしばしば参照されれる．スイダスという人物作と誤解されてきた．

> は〕父〔＝テオン〕と張り合って〔のこと〕であった．

ここでも，エウフルボ（エウポルボス）のときと同様に，左右に 294 , 400 と書かれています．

バルディの同時代人に目を向けてみましょう．ALBERTO Durero（テクストは Duzero と誤記）すなわちデューラー（1471~1528）については次のように記されています [*8]．

> ニュルンベルク出身．素晴らしい画家で，優秀な数学者，画板に絵を描き，木材や銅板をきわめて入念に彫った．多くの作品を残した．すなわち絵画論，シンメトリーつまり人体均衡論，射影論，築城論の書，きわめて魅力的な若干の幾何学小論である．ドイツ語で書かれたこれらはラテン語に翻訳され，ヴィリバルト・ピルクハイマーが出版した．

欄外に見える 1532 という数字はデューラー『人体均衡論』の西暦出版年を示しているのでしょう．もちろんここではもはやオリンピアード暦は書かれていません．

バルディ

『数学者列伝』と『数学者年代記』双方の著者ベルナルディーノ・バルディ（1553~1617）は，16 世紀後半のイタリアの代表的「科学者」です．それのみならず詩人，建築家，器具製作家でもあります．当時の名門パドヴァ大学でギリシャ詩と数学を学び，ヘロン『自動機械』をイタリア語訳しました（1576 年に完成し 1589 年公刊）．パッポス『数学集成』第 8 巻に関しては，

---

*8 『数学者列伝』のほうにはデューラーの項目はない．

大修道院（マントヴァ近郊のグアスタッラ）院長時代のバルディの肖像．（出典：I. Affò, *Vita di Bernardino Baldi*, Parma, 1783）

友人コンマンディーノによるラテン語訳が不十分であるとして，わずか 10 日間で再度ギリシャ語からラテン語に訳したりしています（1578）．しかし最も重要な仕事は，アリストテレス機械学についての『アリストテレス幾何学諸問題演習』（1621）で，バルディの死後に出版されました．これは当時流行していたアルキメデスの機械学をアリストテレスを通して検討したもので，アルキメデスの数学における機械学的方法と数学的証明の関係を理解する上で重要な研究です．

また彼は多言語に通じ，アラビア語などのオリエントの言語を含め 12 の言語を操ることができたと言われています．そのこともあり『数学者列伝』にはアラビア「数学者」も掲載されています．バルディはアラビア語辞書や地理学大事典の編纂をしたりし，著作は多いのですが，印刷者（当時はまだ会社ではなく個人が出版していた）が得られなかったようで，作品の大半は未刊のままです．ただし幾つかに関しては，ドイツの出版者の援助でアウクスブルクやマインツで出版されました．

バルディは，コンマンディーノやグイドバルド・ダ・モンテフェルトロなどウルビーノの名士たちと密接に関わりがありました．先輩であり友人である前者が 1575 年に亡くなり，その生涯をまとめるうちに，それ以前のさまざまな「数学者」の仕事に関心を持ち，人名事典の執筆に至ったようです．バルディの少し前の時代 15~16 世紀は人名事典が数多く出された時代でもあり，それらにも刺激を受けたことでしょう [*9]．

バルディとアラビア数学

この時代の数学者の一般的関心は，古代ギリシャの幾何学的手法で，他方アラビアで成立した代数学は軽視されています．当時の一般的理解として，アラビア数学はギリシャ数学を保存したことにのみ歴史的意味があるとされていました．そこに独創性を見出すことはなかったのです．しかしバルディはアラビア語を学んだこともあって，アラビア「数学者」にも十分配慮し，彼らの人類への貢献を述べています．それでも代数学だけには関心がなかったとみえ，それらへの言及はきわめて少ないのが特徴です．バルディはパチョーリなどを通じてフワーリズミーの名前と仕事については知っていたにも拘らず，アラビア数学史記述で定番のフワーリズミーの名前はここには見えません．

バルディのアラビア語能力は申し分なかったと考えられますが，テクストの入手が困難であったので，彼が実際に「数学者」の数学テクスト自体を参照したことはあり得ず，記述には数学

[*9] 数学者人名事典ではないが，ジョルジョ・ヴァザーリ（1511~1574）の『画家・彫刻家・建築家列伝』（1550）などがよく知られている．

的内容が欠けています．記述内容は，同時代人を除くと当時のラテン語翻訳や多くの書誌情報から得たようで，それは人名の翻字から確認できます．

さて，取り上げられているアラビア「数学者」の名前のみを，前述のシュタインシュナイダー編集のテクストの順に，大文字で一部挙げておきますと，次のようになります．右にはそれに該当する人名を付けておきます．

MESSALA　(730 頃 ~815 頃)　マーシャーアッラー

ALFAGRANO [*10]　(9 世紀前半)　ファルガーニー

ALCHINDO　(805 頃 ~873)　キンディー

ALBUMASARO (787~886)　アブー・マアシャル

TEBITTE　(836~901)　サービト・イブン・クッラ

ALBATEGNO　(858~929)　バッターニー

ALMANSORE　(11 世紀前半)　マンスール [*11]

ALHAZENO (965 頃 ~1040 頃)　イブン・ハイサム

ALI ABENRODANO (988 頃 ~1061 頃)

アリー・イブン・リドワーン

PUNICO ?

ALI ABERANGELE　(11 世紀前半)

アリー・イブン・アビー・リジャール

ARZAHELE (1029 ~1087)　ザルカーリー

GEBRO (1100 頃 ~1160 頃)　ジャービル・イブン・アフラフ

ALPETRAGIO　(？ −1204 頃)　ビトルージー

[*10] 本文内容から判断すると，天文学者ファルガーニーと考えられる．しかしその場合は G と R の位置が逆になるはずである．項目の横に 1191 年と書かれており，別人かもしれない．

[*11] イブン・ザカリーヤ・ラージーが献上した医書『マンスールの書』のそのライの統治者アブー・サーリフ・マンスールを指す．

今日よく知られているアラビア「数学者」としてはイブン・ハイサムとサービト・イブン・クッラだけで，あとは大半がどちらかというと占星術師，天文学者です．なかほどのPUNICOは見慣れない奇妙な名前で，次のような項目内容です．

> プニーコは，私が思うには，ペルシャ国の出身で，アリー・イブン・アビー・リジャール〔＝アリー・アベランジェーレ〕と同時代人である．アラビア諸国の中でも偉大な占星術師，哲学者，医者であった．ガレノス『小論』，プトレマイオスの占星術についての四書〔＝『テトラビブロス』〕について解説した．

編集者のシュタインシュナイダーによると，これはその前の項目のアリー・イブン・リドワーン（998頃~1061頃）と同一人物で，バルディが参照した文献の間違いをそのまま引き継いだ誤解のようです（プニーコという名前の由来は不明）．いずれにせよここで登場する人物の大半は，今日の数学者というよりも占星術師・天文学者であり，しばしば医者や哲学者を兼ねた人物でもあります．すなわちバルディにとって数学者（*matematica*）とは今日の数学者とは異なる意味をもっていたのでした．人文主義者でもあるバルディは代数学には興味がなかったとみえ，不思議なことにタルターリャ，カルダーノ，ボンベッリなどイタリア代数学を飾る人物の記述はありません．他方でバルディの関心があった分野は機械学です．したがって記述分量の多いアルキメデスの項目の内容も，数学というよりは機械学的側面からでした．しかも『数学者年代記』のほうの最後を飾るのは，まさしく「当代のアルキメデス」と言われたグイドバルド・ダ・モンテフェルトロなのです．現代から見ると記述に事実誤認もありますが，古代中世や当代の数学者たちがルネサンス期にどのように見られていたのかがバルディの二つの作品から見て取れます．

では次にドイツに移りましょう．

ドッペルマイヤー『ニュルンベルクの数学者・技術者の歴史情報』

ヨーハン・ドッペルマイヤー（1677~1750）はニュルンベルクの商人の息子ですが，ドイツ，オランダ，イングランドで法学や数学を学んだ後に，母校のエーギディエン・ギムナジウムの数学教授となり，天文学，数学の著作を残しています．なかでも『ニュルンベルクの数学者・技術者の歴史情報』（*Historische Nachricht von den Nürnbergischen Mathematicis und Künstlern*, 1730）は，本文 314 ページからなる 360 人の項目の人物事典です． 本文は亀甲文字で書かれ，相当数のラテン語の引用（こちらは普通の字体）からなる本書は，今日使用するには煩瑣なものですが， 人物の情報源としてはとても豊富な資料です．

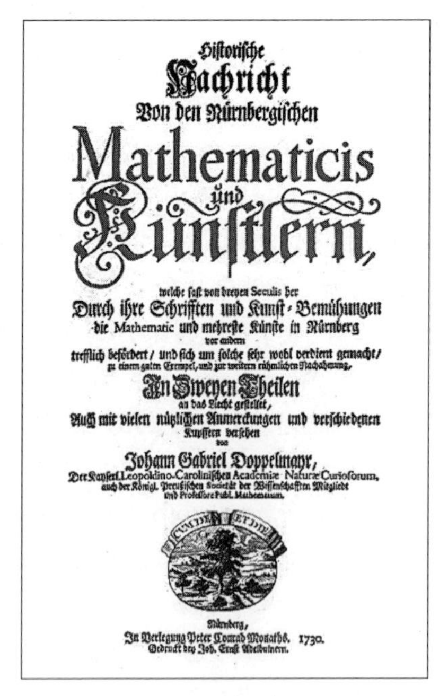

Historische
Nachricht
Von den Nürnbergischen
Mathematicis
und
Künstlern,
welche fast von dreyen Seculis her
Durch ihre Schrifften und Kunst-Bemühungen
die Mathematic und mehreste Künste in Nürnberg
vor andern
trefflich befördert / und sich um solche sehr wohl verdient gemacht /
zu einem guten Exempel, und zur weitern rühmlichen Nachahmung,
In Zweyen Theilen
an das Liecht gestellet,
Auch mit vielen nützlichen Anmerckungen und verschiedenen
Kupffern versehen
von
Johann Gabriel Doppelmayr,
Der Kayserl. Leopoldino-Carolinischen Academiæ Naturæ Curiosorum,
auch der Königl. Preußischen Societät der Wissenschafften Mitglied
und Professore Publ. Matheseos.

Nürnberg,
In Verlegung Peter Conrad Monaths. 1730.
Gedruckt bey Joh. Ernst Adelbulnern.

『ニュルンベルクの数学者・技術者の歴史情報』（1730）の表紙．
赤黒の 2 色刷りで， 綺麗な仕上がりの大型の書物

全体の中で数学に関係する項目をまとめると次のようになります．

数学者 (*mathematicus* [*12])
レギオモンタヌスなど 16 人．

数学愛好家 (他に天文学，射影学，光学愛好家)
(*Liebhaber der Mathematique*)
フルシウスやクルツェなど 23 人．

数学支援者 (*Beforderer der Mathematique*)
カメラリウスとピルクハイマーの 2 人のみ．

数学教授 (*Professor der Matheseos*)
ダニエル・シュヴェンターやヨハンネス・プラエトリウスなど 9 人．

数学愛好家の一人ゼバスティアーン・クルツ (1576~1659) はラテン語名クルティウスでも知られ，算法学校を設立し，測量家として活躍しました．この事典では算術や計算法は取り上げられていますが，他方で代数学はほとんど取り上げられておらず，このクルツが代数学に関連するほとんど唯一の人物です．また医師や錬金術師などが含まれていないのもこの事典の特徴です．

その他，地理学者，音楽学者，機械学者なども含まれ，大半はコンパス作製者，彫刻家，釣鐘鋳造者，ガラス製造者，金細工師，時計作製師など様々な製造技術者が占めます．

[*12] 以下の綴には羅，独，仏語が入り混じっている．

数学器具製作都市ニュルンベルク

シュテファン・ツィク(1639~1715)による象牙製の眼の模型で，医学教育に用いられた．『ニュルンベルクの数学者・技術者の歴史情報』末尾の図版より

ニュルンベルクは交通の要地であることから交易が盛んで，また鉱山も近くにあり，数学器具製作の一大中心地でした．そこには数学器具製作者，彫金師などの技術者が数多くいて，当地の生産物品はヨーロッパ中に輸出されていきます．彼らのなかには，その技術の基礎に数学があると認識している者もいました．さらにこの土地は地図（天体と地上），地球儀・天球儀製作者も多く排出し，また芸術的作品としてのそれらと科学（天文学と地理学）とが合体した様相を呈します．こうしてこの事典の題目に含まれる Kunst（英語の art に相当）というドイツ語は，技術のみならず芸術や工芸をも指し示していることが確認できます．

デューラーとその支援者である人文学者ピルクハイマー．『ニュルンベルクの数学者・技術者の歴史情報』(1730) の末尾にはこのような見事な図版がつけられている

ニュルンベルクといえばレギオモンタヌス（1436~1476）の活躍した場所であり，事典はこの人物の記述から始まり，しかも23頁という長い分量を割いています．

ピルクハイマー，カメラリウスなど著名な人文主義学者も詳しく扱われ，題目の数学者・技術者の意味はそれらを支援した学者たちにも及んでいます．彼らの古典知識と工芸家の技術知識が適切に合わさった都市が15~17世紀のニュルンベルクなのでした[*13]．しかし18世紀になると，数学器具生産の中心地はニュルンベルクからロンドンに移っていきます．

バルディやドッペルマイヤーにおける「数学者」は，今日の一般的な意味での数学者とは異なります．バルディが取り上げる数学には，今日でいう，天文学，音楽学，地理学，気象学，光学，建築学，造船学，軍事技術なども含まれ，とくに機械学にはことさら関心が寄せられ，それはアルキメデスの記述によく現れています．ドッペルマイヤーにおいては数学の支援者さえ項目に含めています．「数学者」という言葉の意味するところは時代によって異なるのです．

---

*13　ルネサンス期ニュルンベルクの数学については次が詳しい．拙稿「数学史におけるデューラー」，下村耕史（訳編）『アルブレヒト・デューラー「測定法教則」注解』，中央公論美術出版，2008，279–337頁．

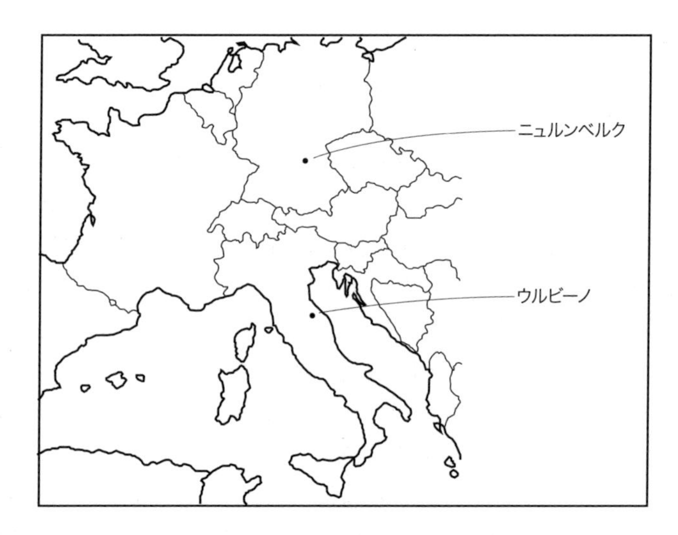

ウルビーノとニュルンベルクの位置

第5章

忘れられた数字の歴史

数学のもっとも基礎となるもの，それは数字です．その数字，とりわけアラビア数字の成立と展開に関しては，今まで膨大で詳細な研究がなされてきました．いまさら何を付け加えることができるかと思われがちですが，それでもその成立と展開とは実際にはわからないことだらけなのです．今回はアラビア数字ではありませんが，従来ほとんど取り上げられてこなかった数字に焦点を絞り，数字の歴史のもう一つの世界を見ることにします．

イフラー『数字の歴史』

数字の歴史を紐解くときまず参照する古典的一般書，それはメニンガーの次の書です．

- カール・メニンガー『図説 数の文化史 世界の数学と計算法』(内林政夫訳)，八坂書房，2001.

これは原著ドイツ語版 (1958) の英語訳からの後半部分の訳で

しかありませんが[*1]，多くの文化圏から題材を取りあげ，図版も豊富でとてもわかりやすい作品です．しかしこれでは物足りないときに参考にするものがあります．

- ジョルジュ・イフラー『数字の歴史 ―― 人類は数をどのようにかぞえてきたか』(弥永みち代・後平隆・丸山正義訳)，平凡社，1988.

これは数字の歴史に関する百科事典といってもよいほど詳細で，参考文献も 508 点あげられ，原著フランス語版表題『数字の世界史』(*Histoire universelle des chiffres*, 1981) が示すように，数字の歴史に関して何かわからないことがあると，大方は答えてくれるものです．また図版もきわめて多く示され，わかりやすく，しかも大半は著者自ら描いたと思われ，とても親近感が湧くものです．イフラーは研究機関に所属する学者ではなく学校教師であったので，執筆の上での文献探索には相当な苦労があったことと推測できます．そのことは冒頭の献辞，「長年にわたって私が受けてきたこの困難な労苦の喜びと苦しみの忍耐強い証人であり，この本と著者が多くを負っている妻アンナへ」からも読み取ることができます．

しかし本書は学者世界からは評判はよくありません．世界の数字の歴史について一人で論じることが無謀なのはもちろんですが，その批判は，内容もさることながら論述法にも当てられています．基づく資料が確かではないものがあること，引用先に言及されていないことがあること，確実ではないことをあたかも定説のように記述していることなどです．一般受けする作品である一方，学者世界からは手厳しい批判が出され，学術論文ではイフラーのこの作品はあまり引用されることはありません．

---

*1　Karl Menninger, *Number Words and Number Symbols: A Cultural History of Numbers*, Cambridge: Mass., 1969. 未訳の前半部分は数詞などの言語的説明.

とはいえ，イフラーの本はきわめて網羅的であることは言うまでもありません．日本人が書いた日本数学史でもたいていは見過ごされてしまう，琉球の藁算についても触れられているのですから．また興味深い逸話もいたるところ満載で，読んでいて面白い作品です．しかしそこには触れられていない数字もたくさんあります．ここではイフラーの取り上げなかった数字について2点述べておきましょう．

トルコ数字

今日トルコではトルコ語が使われ，それはローマ字表記です．使用する数字もいわゆるアラビア数字です．以前のオスマン帝国(1299~1922)では主として現代トルコ語の前身であるオスマン語が用いられ，その表記にはアラビア文字が用いられていました．数字も今日のイスラーム諸国で用いられている数字（ここでは東アラビア数字と呼ぶことにします）が用いられていました．

ところで今日日本で用いられているのは算用数字とも呼ばれるアラビア数字ですが，イスラーム諸国ではそれとは異なる他の形をした東アラビア数字が用いられていることはご存知でしょう．ここでは述べませんが（本書第20章参照），歴史的経緯があって両者は幾分形が異なるようになってしまったのです．そこでは次のように，ゼロが点で，5は円形をしています．

٠١٢٣٤٥٦٧٨٩

今日アラビア語文書で用いられる数字（東アラビア数字）*2

ではトルコ数字とはなんでしょうか．トルコ人たちが用いた

*2 今日，ペルシャ語文書で用いられる数字は4，5，6の形が異なる．アラビア語と同じ形のものでもUnicodeは異なる．

数字なのでしょうか．トルコ数字とは，主として 18~19 世紀にロンドンで製造された，オスマン帝国向けに輸出された時計の文字盤に使用された数字のことをいいます．（トルコ式）文字盤数字（chapter）ですので，厳密には（トルコ）数字（numeral）と呼ぶことはできないかもしれませんが，東アラビア数字をアレンジした見事な形をしています．3 と 7 は次のようになります．

トルコ数字	東アラビア数字	
٣	٣	3
٧	٧	7

東アラビア数字に慣れていたらすぐに分かる形をしています．ただし 5 だけは丸みがあるので，直線では作ることができなかったとみえ，アラビア数字の大きなゼロを用いています．他方小さな丸はゼロを示します（10 で用いられる）．当時のオスマン帝国向け輸出時計は大半がこの数字を用い，イギリス製のみならずフランス製やスイス製も同じです．やがてトルコ国内でも西洋式機械時計が生産されだすと，それらにもこの数字が使われることがありました．

トルコ数字をもつ懐中時計
（出典：Selahattin Özpalabıyıklar (ed.), *Visible Faces of the Time:Timepieces*, İstanbul, 2009, p. 233）

ただしこの数字がいつ誰によって考案されたかは今のところ調べがついていません．トルコにおける西洋の時計に関する基本文献であるクルツ（O. Kurz, *European Clocks and Watches in the Near East*, University of London, 1975）でも，トルコの時計の詳細な図版集である博物館の時計目録（*Visible Faces of the Time: Timepieces*, İstanbul, 2009）でも，トルコ数字が描かれた時計の写真は満載ですが，その説明はほとんどないのです．

アッラ・トゥルカとアッラ・フランカ

ところで，伝統的にトルコでは，太陰暦で不定時法が使用され，宗教行事はそれに合わせて行います．日没から次の日没までが1日で，それを24で割れば1時間が出てきますが，季節や場所によって日没の時間が異なるので，機械時計は手で調整が必要です．日没のアザーン（礼拝開始の知らせ）を聞いて調整するか，各地で毎年発行されるアルマナク（オールマナック，暦）を参照して調整するかになります．こういったイスラーム式のトルコ時法はアッラ・トゥルカ，他方今日使用されている西洋時法はアッラ・フランカと呼ばれていました．トルコ式，フランカ式（共通式）というわけです．

19世紀になるとオスマン帝国は西洋諸国と増々関係をもつことになり，西洋時法も必要となり，列車や船舶の時刻もアッラ・フランカとなります．ムスリムとして日常生活ではアッラ・トゥルカが必要である一方，西洋化していく生活でアッラ・フランカも必要になっていきます．世紀末にはイスタンブル各地に時計塔が建てられ，そこにはアッラ・トゥルカとアッラ・フランカの双方で時間が示されていました．また両方の時刻が必要な人には，異なる 二つの文字盤を持った時計もありました．

そういったなか，ついにヨハン・マイヤー（1843~1920）は，機械的に両者を同時に示すことのできる時計機構の考案に成功します．1秒も狂いなく正確というわけではありませんが，日常で使用するには十分な精度の仕組みです．この装置による時計も数多く作られました．なおヨハン・マイヤーは，ドイツ皇帝ヴィルヘルム 2 世（1859~1941）がオスマン帝国スルタンであるアブデュルハミト 2 世（1842~1918）の要請を受けイスタンブルに送ったドイツ人時計師です．

西洋で製造されたオスマン帝国向けの時計には装飾が施され，豪華なものも多く，今日でも海外の博物館でしばしば見ることができます．

次に，イフラーに掲載されていないもう一つの数字を見ておきましょう．

カルダーノの数字

ルネサンス期の医師・数学者でもあった万能人カルダーノは，今日代数学書『アルス・マグナ』(1545) でよく知られていますが，その自然学書『緻密さについて』全 11 巻（初版は 1550）もそれにおとらず当時は重要な書物でした．体系的な作品ではありませんが，怪しげな内容も含め多くの情報が寄せ集められ，当時の事柄がよくわかる大部な書です．

ところで 1580 年発行のものには奇妙な数字が見えます．そこでは縦 1 本の直線を基準に，付加された短い線の長さ，位置，角度が数を示しています．1 から 9000 までの数字体系は次のように示されています．

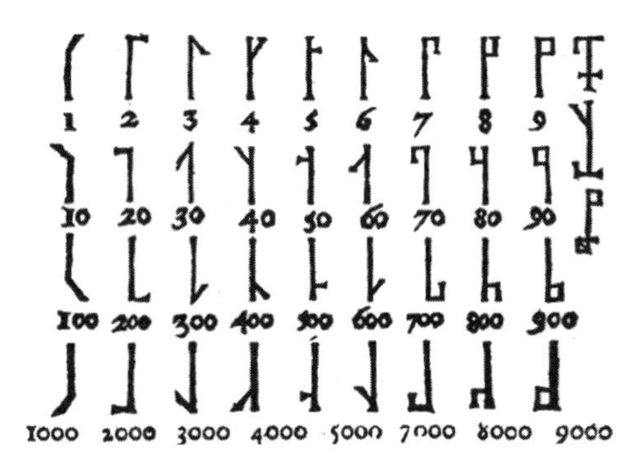

カルダーノ『緻密さについて』第17巻
1580年版，p.615から[3]

1から9を左右対称にしたものが10から90までで，同様に下向き，下向きの左右対称がそれぞれ100位，1000位であり，原理さえ把握すればわかりやすい表記法です．図式化すると次のようになります．

十位	一位
千位	百位

90	9
9000	900

数字は加法的で，上の表にない9000以上は数を組み合わせて表記します．カルダーノは例をあげていますのでそれを見ておきましょう．

> この原理は，多くの言葉で説明するよりも目の前で表を用いた方がよりよく説明できる．たとえば5572と我々は書く．そして7240の書き方は欄外に見られるであろう．も

[3]『カルダーノ全集』(Cardano, *Omnia opera*, III, Lyon, 1663）では，479頁と627頁に見える．

し12509を望むなら，最初に9000に対応する数字を書き，次に3000を意味する交差を加え，それらで12000を得る．これに509を加え，下に見られる数を得る．もし25553を望むなら，これは取り違えなく書かれ得る最大数であり，端の欄外に書かれている．

テクストの欄外には例が示されていますが，わかりにくいのでここで書きなおしておきます．

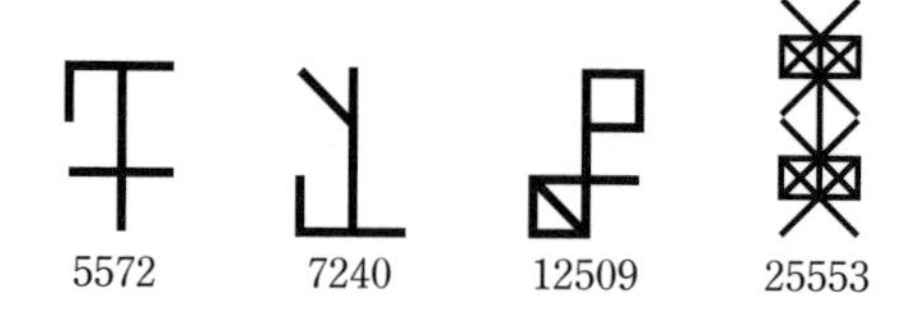

25553は9999 + 6666 + 4444 + 3333 + 1111と考えているのでしょう．それらを組み合わせた記号が欄外に見えます．

では大きな数はどのように表すのでしょうか．カルダーノは続けますが，その説明はきわめて不親切で，また桁数にも間違いがあります．実際，一般的に言ってカルダーノのテクストには誤植や間違いが多く，また印刷された版によって内容が大幅に異なることがよくあります．そのことを留意した上で今ここで解釈すると次のようになるでしょう．9を左に90度回転し向きを変えたものが9,000,000，さらに45度回転させたものが9,000,000,000，さらに90度回転させたもの（つまり左右対称にする）が9,000,000,000,000となるようです．こうして上下，左右，45度回転などで多くの数を表記できるというのです（回転して向きを変えている）．

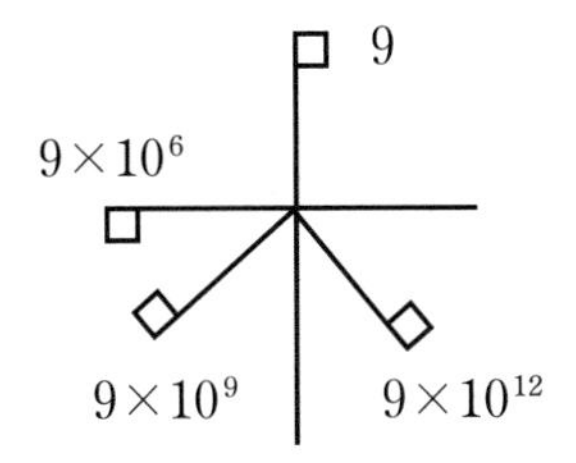

ところでこの数記法はカルダーノが最初に考案したものではありません．彼自身は上記引用後にアグリッパの名前を引用しています．

> しかしアグリッパはかろうじて1万や2万まで到達したが，相当苦労してのことであり，しかも混乱が見られる．とはいうものの，我々は彼にこのこと〔記数法〕を負っている．

ここで言及されているのはネッテスハイムのアグリッパ(1486~1535)の『隠密哲学』(1533)で，この書はたいへん広く読まれ，当時多大な影響を与えました．*4 このオカルト書の第2巻第19章「ヘブライ人たちとカルデア人たちの記号，および他の若干の魔術師たちの記号について」には，他の数表記に混じりカルダーノの数表記が見られます．しかしこの数表記はアグリッパが考案したものでもないのです．彼自身古い2冊の書物の中でこの数表記に出会ったと書いているからです．

*4 Henricus Cornelius Agrippa, *De occulta philosophia libri tres*, [Cologne], 1533.

1. 2. 3. 4. 5. 6. 7. 8. 9.

1510. 1511. 1471. 1486. 3421.

アグリッパ『隠密哲学』第 2 巻 19 章より（一部省略）

以上の数表記についてはそれ以降多くの学者や好事家が言及してきましたが [*5]，ついに決定的と言える研究書が出ました．アラビア天文学史研究者ディヴィド・キングによる『修道僧たちの数字』という奇妙なタイトルの作品です．次に，これを参考にしてこの表記の起源を見ておきましょう．

- David A. King, *The Ciphers of the Monks*, Stuttgart, 2001.

シトー会修道院数字

キングの本によると，レスター（イングランドの都市）の助祭長ベイジングストークのジョン（?~1252）が，カルダーノの数表記の 1 から 99 までを初めて導入したということです．

[*5] Nesselmann, *op.cit.*, S. 84 にも記載.

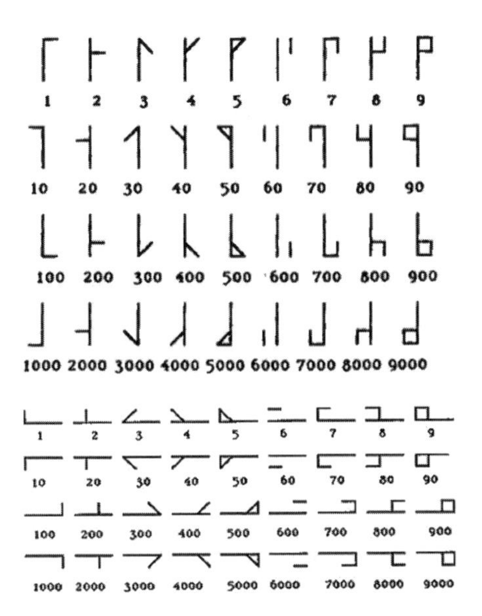

横式と縦式のシトー会修道院数字（出典：David A. King, *The Ciphers of the Monks*, p.34, 36）

イングランドのベネディクト会僧侶マシュー・パリス（1200頃~1259）によれば，先のジョンはアテネ出身の少女コンスタンティナから学んだということです．この辺りでもうすでにこの数表記の起源が神話化しており，本当のところはわからなくなっています．しかし13世紀後半からイングランドのシトー会修道院で用いられるようになった数表記ということだけは確かなようです．その後それはフランスやベルギーでもシトー会修道院で用いられ，18世紀頃までそれは続いたとのことです．

この数表記はほぼ定式化されているので，仕組みは容易に理解できます．その特徴は，重ね合せて書くことができること，大きな数を書くのに場所を取らないことです．形は時代や地域によって様々ですが，縦式と横式とに分けることができます．

この数表記の規則によると，55は十字架となり，ま

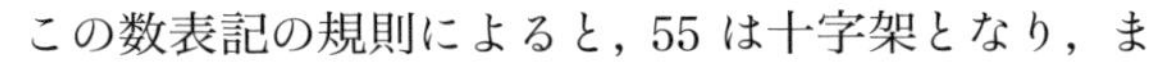

たキリストが死んだ年齢である 33 は上向きの矢印ですので，この 二つの数は「最悪の数」とされました．また 1 から 9 までと，10 から 90 までとをすべて用いた数は図（前頁）の形になります．

この数表記に名称はなく，ここでは便宜的にシトー会修道院数字と呼ぶことにします．想像上で非現実的なというものでもなく，また秘術を伝える暗号でもなく，シトー会修道院では実際の宗教文書のみならず数学や天文学でも用いられました．アラビア数字と混在するも用途を区別して用いられることもあり，天文表の年号，写本番号，酒樽の容量にも使用例があります．今日，書物の本文はアラビア数字でもまえがきはローマ数字で頁数を打つ習慣があるのと同じです．18 世紀以降になると，フリーメイソン文献，そして魔術やオカルトの書物にもたびたび登場したので，怪しげだということでイフラーはこの数字を『数字の歴史』では省いたのかもしれません．

起源

ところで，なぜこのような数表記が用いられるようになったのか，なぜシトー会修道院に限られていたのか．その起源はどこに求められるのでしょうか．ベイジングストークのジョンがアテネから学んだということであれば，古代ギリシャや東ローマ起源も考えなければなりません．実際キングは，ギリシャ文字数字（ギリシャ語アルファベットの文字に数値を当てはめた数表記）の省略記号が起源かもしれないと述べています．ただし 12 世紀イングランドの省略記号にも同様なものが見えるので，こちらが起源の可能性も否定はしていません．いずれにせよ資料不足で，決定的なことは言えそうにはありませんが，シトー会修道院そのものに起源があったわけではなさそうです．

ところでこの数表記は，アグリッパ以降，カルデア式数表記と呼ばれることもあり，しばしば魔術と結び付けられてきました．カルデアとは古代メソポタミア地方を指すものの，実際はそこでは楔形数字が用いられたのでこの言い方は正しくはありません．おそらく古代の魔術や叡智が生み出したという意味で，その名前が付けられたのであり，実際にはカルデアとは関係はありません．ゲルマン主義的思想の高揚が見られるようになった 20 世紀ドイツでは，この数表記は「ルーン式」「アーリア式」と呼ばれこともありました．たしかに古代ルーン文字のいくつかの形と雰囲気は似ています．しかしルーン文字の数表記は不明ですし，しかもよく見ると形は異なります [*6]．近代になるとこの文字の研究はドイツ語圏に多く，19 世紀以降では数学史家ネッセルマン（本書第 3 章参照），カントルなどの数学史がそうですが，他方でたとえばフランス語圏の研究は少なく，モンテュクラの『数学史』にもイフラーの『数字の歴史』にも言及がありません．数字の起源をアラビアや古代ローマを超え古代ゲルマン族にまで遡らせ，さらに古代ギリシャにもつなげようとする見方，つまりゲルマン文化を古代ギリシャ文化の継承者とみなすこと，このことと「ルーン式」「アーリア式」と呼ばれていたこととは関係なくはなさそうです．

84

Einer	1	2	3	4	5	6	7	8	9
Zehner	10	20	30	40	50	60	70	80	90
Hunderte	100	200	300	400	500	600	700	800	900
Tausende	1000	2000	3000	4000	5000	6000	7000	8000	9000

Nun besteht das Eigenthümliche dieser Methode darin, daß bei zusammengesetzten Zahlen der Verticalstrich nur einmal geschrieben und an diesen alle charakteristischen Merkmale der einzelnen Ziffern angehängt werden. Heilbronner giebt folgende bei ihm zum Theil sehr verstümmelte Beispiele:

bedeutet die Zahl 5548

bedeutet die Zahl 2454

bedeutet die Zahl 3970

bedeutet die Zahl 1586.

ネッセルマンの記述（出典：F. Nesselmann, *Versuch einer kritischen Geschichte der Algebra*, Berlin, 1842, S.84）

---

*6　シーシュ・マーグナル・エーノクセン『ルーン文字の世界』（荒川明久訳），国際語学社，2007.

トルコ数字は顧客の要望に合わせて西洋で考案されたことが考えられます．そしてシトー会修道院ではローマ数字の不便さに代わるものとして独特な数字が採用されたと考えられます．今回扱った 2 種の数字は数表記に用いられ，計算に用いられることはありませんでしたが，歴史の中で作られ，受け入れられていったことを考えると，数の文化は時代や社会と密接に関わりがあることがわかります．

さて問題です．次の数字はいくつでしょうか．

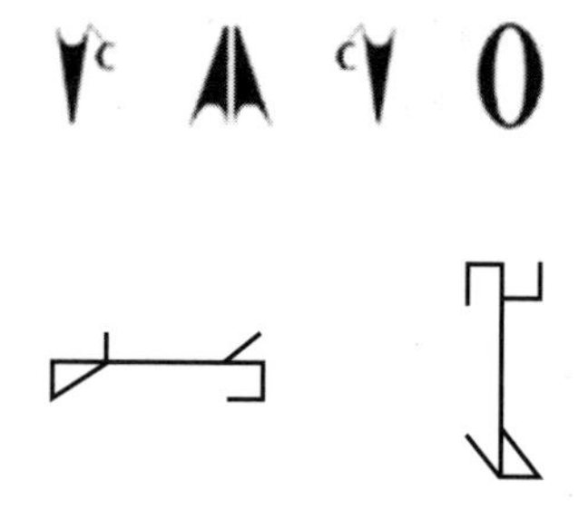

第 6 章

ノイゲバウアーと古代数学史研究

数学史を学んだ者ならノイゲバウアーと聞いてすぐに思いつくのがバビロニア数学史研究でしょう．彼は 1930 年代に『数学楔形文字テクスト』全 3 巻を出版し，その後次々とバビロニアの数理科学について論文やテクストを発表し，古代科学に関する我々の理解の根源的改革をせまった古代数理天文学史研究の第一人者です．しかし彼が当初取り組んだのはバビロニア数学ではなくエジプト数学でした．なぜエジプトからバビロニアに関心を替えたのか，さらに数学史研究から天文学史研究へと関心を移していったのか，そもそもノイゲバウアーにとって古代数学を研究することはどのような意味があったのか，それを見ていきましょう．

バビロニアはカルデア（とりわけメソポタミア南東部）とも呼ばれ，かつてピュタゴラスが訪れ，その地で秘儀を学んだという報告もありますがそこに根拠はありません．ようやく18,19世紀頃西欧諸国により調査発掘，楔形文字解読が始まるも，まだ数学への関心はありませんでした．そのなかで，ペンシルヴァニア大学アッシリア学教授ヘルマン・ヒルペルト（1859~1925）は古代メソポタミアの都市ニップール（現イラクのヌファル）で発掘調査を行います．粘土板55000点のうち1000点が乗法表などを示し，『ニップールの寺院図書館出土の数学・度量衡・年代学の粘土板』(1906）で公表されます．そこには解釈など多くの問題点が指摘できるものの，バビロニア数学への関心を世間に呼び起こすことになります*[1]．そのなかで研究状況を一変させ，バビロニア数学史研究の嚆矢となったのが1930年代のノイゲバウアーによる研究です．

『古代の精密科学』

ノイゲバウアーの作品で今日一般的によく知られているのは次の作品です．

- 『古代の精密科学』(矢野道雄・斎藤潔訳)，恒星社厚生閣，1984.

本書は，コーネル大学で1949年に行った講義をもとにした英文作品（1951）の，大幅な改訂版（1969）の翻訳です．ここで見慣れない言葉「精密科学」(exact science）とは，数学，天文学，物理学のように量を精密に測定して体系付ける学問です．本書は講義とは言え，表題を見る限り一般向けに書かれた古代精密

*[1] ヒルペルトの仕事については次を参照．E. Robson, “Guaranteed Genuine Originals: The Plimpton Collection and Early History of Mathematical Assyriology”, C. Wunsch (ed.), *Mining the Archives*, Dresden, 2002, pp. 231–273.

科学の概説書と思われるかもしれませんが，決してそうではありません．著者の決意が文章の端々に見受けられます．改訂版の序文でそれを見ておきます．

> 私は「総合」── この語が何を意味しようとも ── に近づこうとする企てには全く懐疑的であって，専門に徹することが健全な知識の唯一の基盤であることを確信しています．…
>
> これらの拡充にもかかわらず〔改訂版で大幅に書き換えていることを指す〕，私の講義を教科書式に書きかえることは避けられたのではと思う[*2]．

さらに古代の医学者ガレノス『自然の機能について』(III, 10) のよく引用される言葉を引いています[*3]．長いので引用は避けますが，要するにガレノスの言うには，智者は大衆よりも優れていなければならず，それには古代の学者たちの理論を熱狂的に学び取り，その後それらの真偽を判断し考察せねばならない．こういった智者に本書が役立つだろうとガレノスは述べた後，最後に，「しかれどもかくの如き人まことに少きを憂う．しからざる人にとりてこの書は馬の耳に念仏のごとく無用のものならん」[*4] と付け加えています．以上のガレノスからの引用からもわかるように，ノイゲバウアーは主張を強く押し出して執筆しています．こうした文章を見ていつも思い出すのは，数学史上の画期的著作であるデカルト『幾何学』と関孝和『発微算法』です．これらの著作でも同様に，わかる人にわかればよいのであって，教科書風の書き方などはしないのだと暗に示していま

---

*2　O. Neugebauer, *The Exact Sciences in Antiquity*, 2nd ed., New York, 1969, vii, ix.　和訳（ノイゲバウアー，前掲書，v,vii）を一部変更．

*3　この箇所は原典訳の，ガレノス『自然の機能について』（種山恭子訳），京都大学出版会，1998，186 頁にも見える．

*4　ノイゲバウアー，前掲書，viii.

す．そこでは証明などの詳細は省かれており，一般読者をまったく見放した書き方がされています．たしかにノイゲバウアーの本書は注釈や引用箇所明記も多く，一般向きの古代精密科学入門書とは言えないのです．本書はノイゲバウアーの執筆年代からすると最後期に属する作品で，通常からすると，今までの研究成果をわかりやすく一般向けに示すことが期待されるにもかかわらずです．もちろん，ノイゲバウアーには一般向きの文章もないわけではありません．とりわけ彼が米国に移った後には，そのような文章が多く見つかります．たとえば，本書に先行する 1941 年に，「古代精密科学」という講演をペンシルヴァニア大学創立 200 周年記念講演で行い，それをまとめた短編があります．概説だからでしょうか，そこでは，紙幅の関係で，「本論文では私の一般的原則から大いに外れて，参考文献を差し控えた」と述べています [*5]．

では，先のような発想はどこからでてきたのでしょうか．ノイゲバウアーは序文で，本書をゲッティンゲン大学以来世話になった数学者リヒャルト・クーラント（1888~1972）に献上すると書いていますので，彼のゲッティンゲン時代に遡ってそれを見ておきましょう．

なお，ノイゲバウアーの生涯は次を参考にしました．

- Noel Swedlow, "Otto E.Neugebauer", *Proceedings of the American Philosophical Society*, 137 (1993), pp. 139-165 [*6].

---

*5　O. Neugebauer, “Exact Science in Antiquity”, *Studies in Civilization*, University of Pennsylvania Press, 1941, pp. 22-31. これを増幅したものが『古代の精密科学』. なお本論文は, O. Neugebauer, *Astronomy and History*, New York, 1983, pp. 23-31 にも所収. また次の百科事典にも数学史概説を書いている. *Collier's Encyclopedia*, vol.17, New York, 1966, pp. 552-556.

*6　天文学史研究者スワードロウ (1941 年に生まれる) は他にもノイゲバウアーについて書いているが, これが一番詳しい. また他にもラーシェド, パイエンソンなどが述べている.

• A. Jones, Ch. Proust, J.M. Steele (eds.), *A Mathematician's Journeys: Otto Neugebauer and Modern Transformations of Ancient Science*, New York, 2016.

ゲッティンゲンのノイゲバウアー

オットー・ノイゲバウアー（1899~1990）はオーストリアのインスブルック出身ですが，当時は大学間の移動が可能であったので，グラーツ，ミュンヘン，ゲッティンゲンで数学教育を受けました．ミュンヘン大学ではアルノルド・ゾンマーフェルト（1868~1951）から学び，ゲッティンゲン大学ではランダウやネーターとともに学び，学業を終えるとクーラントの助手に指名されます．当時ゲッティンゲン大学はフェーリクス・クライン（1849~1925）とダーフィト・ヒルベルト（1862~1943）の伝統のもと，純粋数学研究の全盛期を迎えていました．こうしてノイゲバウアーは西洋数学の最高峰に触れていたと言えます．

ゲッティンゲン数学研究所 [*7]

[*7] 出典：Constance Reid, *Hilbert-Courant*, New York, 1986, p. 256.

1924年ノイゲバウアーは，高名な物理学者ニールス・ボーアの弟ハラルド・ボーア（1887~1951）に招聘され，助手としてコペンハーゲンで概周期函数研究を手伝うことになりますが，この地で転機が訪れます．ボーアは自分が編集者であるデンマークの数学雑誌（数学教師向けの数学一般を扱う）に，エジプト数学史家トマス・ピート（1882~1934）が最近出版した『リンド数学パピルス』(1923）の書評を書くよう依頼します[*8]．ノイゲバウアーはその作品をかなり綿密に読みこなした書評を1925年に発表し，これがノイゲバウアー最初の古代数学史の文章となり，後の研究に繋がることになります．その後ゲッティンゲンに戻り，エジプトの分数計算に関する博士論文を完成します．それを『エジプトの分数計算原理』(1926）としてシュプリンガー社から出版します．

古代エジプトでは分数は単位分数の和で表記され，たとえば $\frac{2}{7}$ は $\frac{1}{6}+\frac{1}{14}+\frac{1}{21}$ と表記せねばなりません．博士論文はその分解の仕組を数学的に解明することを論じたものです．この問題は最終的解決には至らないものの，これ以降，単位分数への分解法はエジプト数学史研究の中心課題となり，今日に至っています．

ゲッティンゲン数学研究所所長のクーラントは，シュプリンガー社のいわゆる数理科学書イエロー・シリーズの刊行に関わっていました．その影響でノイゲバウアーも同社の4点の雑誌編集に携わることになります[*9]．まずテプリッツ，シュテンツェルらと科学史に関する原典研究雑誌『数学の歴史についての原典と研究』(のちに題名に「天文学，物理学」も加わる．以下では

*8　ボーア自身はコペンハーゲン大学で数学者ヒエロニムス・ソイテン（1839~1920）から数学史を学び，数学史に関心を寄せていた．

*9　その後ノイゲバウアーは，シュプリンガー社との関係から著作の大半をこの出版社から刊行した．

ドイツ語名冒頭の『クヴェレン』と呼ぶ）を刊行します．これにはA（原典編集）とB（研究）の2種類があります．ほかに数学論文を集めた『数学とその関連領域の中央雑誌』『数学その関連領域の成果』『力学の中央雑誌』を出します．ここでノイゲバウアーの優れた編集者としての能力が発揮されるのです．『クヴェレン』は短命でしたが，時代を超えた内容をもち，そこにはノイゲバウアーの原典へのこだわりが見えてきます．

QUELLEN UND STUDIEN
ZUR
GESCHICHTE DER MATHEMATIK
HERAUSGEGEBEN VON
O. NEUGEBAUER GÖTTINGEN　J. STENZEL KIEL　O. TOEPLITZ BONN
ABTEILUNG A:
QUELLEN
1. BAND
MATHEMATISCHER PAPYRUS
DES STAATLICHEN MUSEUMS DER
SCHÖNEN KÜNSTE IN MOSKAU
HERAUSGEGEBEN UND KOMMENTIERT
VON W. W. STRUVE
UNTER BENUTZUNG EINER HIEROGLYPHISCHEN
TRANSKRIPTION VON B. A. TURAJEFF
MIT 15 TEXTFIGUREN UND 10 TAFELN
1930

『クヴェレン』A, 1930 年表紙．まだ「天文学，物理学」は表題についていない．この号全体がオリエント学者シュトルーヴェによる『モスクワ・パピルス』（本書第8章参照）についての長編の研究論文．このパピルスの発見を聞いて早速ノイゲバウアーはモスクワのシュトルーヴェのもとに向かった．

ノイゲバウアーは学問研究法に厳しいのはもちろんですが，また他人には辛辣なところがあり，数学史家モーリッツ・カントル（1829~1920）を常日頃批判しています．カントルは弟子とともに浩瀚な数学史全4巻（1880~1908）を刊行した数学史家ですが，その学識は幅広いものの内容は浅く，また2次文献に頼りすぎていると批判しています．ノイゲバウアーはカントルのような総合的記述をひどく嫌いました．その矛先は科学史研究の泰斗ジョージ・サートン（1884~1956）にも向けられ，『古代中世科学史』全 5 巻 [*10] を世に問うたサートンについてもディレッタントにすぎないと批判しています．他方サートンの方は，いつも自らをアマチュアと卑下する一方，ノイゲバウアーを高く評価し，彼をアメリカのプリンストン高等研究所へ紹介の労をとったりしています．両者には，歴史記述や方法論に関する以上に大きな相違があったようです．

ノイゲバウアーとエジプト学

ところで当時のゲッティンゲンは数学だけが優れていたのではありません．エジプト学ではクルト・ゼーテ（1869~1934）がいました．エジプト学者というと通常は文系の学者で，数学にはからっきし興味がないのが普通ですが，ゼーテは違います．『古代エジプト人の数と数詞』(1916) という今日でも十分通用する本格的古代エジプト数字の書物を出しています．これは第一次世界大戦中にシュトラースブルク（当時ドイツ領）で刊行されたにも関わらず，対戦国であるイギリスでも大変評価された作品です．

Eins: ein senkrechter, einfacher Strich ı *wᶜ(j-w)*.
Zehn: ein stehender Bügel ∩ *md(-w)*.
Hundert: ein Strick ☉ *š-t* (dies der spätere Lautwert), ursprünglich vielleicht *šn-t* [3]).
Tausend: eine Lotuspflanze *ḫ3*.
Zehntausend: ein stehender Finger , abgekürzt *dbᶜ*.
Hunderttausend: eine Kaulquappe später auch geschrieben [1]), *ḥfn*.
Million: ein Gott *ḥḥ*, in älterer Zeit ohne das { auf dem Kopfe.
Die Einer und Zehner werden in bestimmten Fällen auch wagerecht gelegt (⊃ = 10, − = 1) statt aufrecht zu stehen, so z. B. stets in den

ゼーテ『古代エジプト人の数と数詞』[*11]

[*10] 抄訳は，G. サートン『古代中世科学文化史』全 5 巻，(平田寛訳)，岩波書店，1951–1966.

[*11] 出典：K.Sethe, *Von Zahlen und Zahlworten bei den alten Ägyptern, und was für andere Völker und Sprachen daraus zu lernen ist*, Straßburg, 1916, S. 2 の本文の一部.

ゼーテはエジプト学の中心地ベルリン大学に移ることになりましたが，ノイゲバウアーの博士論文審査員でもありました．ノイゲバウアーは『クヴェレン』などへ精力的にエジプト数学の論文を発表していましたが，1927年にはバビロニア数学を研究するためアッカド語（古代メソポタミアで用いられていた言語で主として楔形文字を使用）を学習し初めます．そしてすでに同年バビロニアにおける60進法体系の起源についての論文を執筆しています．もうこの時期にはすでにノイゲバウアーの関心はエジプトからバビロニアへ急速に移り，精力的に文献調査を開始しています．

ノイゲバウアーは1933~1934年に再びコペンハーゲンに呼ばれ，そこで「ギリシャ以前の数学」と題してバビロニア数学とエジプト数学について講義を担当します．この講義内容は「古代数理科学史講義」シリーズ第1部として『ギリシャ以前の数学』(1934) に収められています．この内容はすでに『クヴェレン』に発表した論文をまとめあげたもので，それはさらに本章冒頭で述べた，後の『古代の精密科学』にも繋がるものですが，後者が前者を乗り越えたというわけではありません．前者には数学的再構成だけではなく，ノイゲバウアーの書物には珍しく文化史的視点も垣間見られるからです．

これは本来3部作として企画されたのですが，残りの2部は結局書かれませんでした．予定では，アポロニオスなどギリシャ数学，ギリシャ以前の天文学などが主題となったようですが，「ギリシャ以前」という構想自体がノイゲバウアーには失せてしまったと思われます．ギリシャを基準としてそれ以前という西洋中心の視点ではなく，ギリシャとは独立した個別の存在としてのバビロニアに関心が移っていったのです．

彼は，エジプト数学は現存資料がきわめて少なく，また数学的にはあまり見るべきものはないと考えました．またギリシャ数学ではとくにアポロニオスに関心があったようですが，その『円錐曲線論』1~4巻は代数的に解釈することで今日では容易に理解できてしまうとし，もはや数学的には興味を失ったようです．それに比べ，バビロニア数学は現存資料が豊富で，まだその歴史研究も未熟だったからです．さらに彼は，数学からそれが適用された天文学へと関心を移していきます．それは，そこにこそプトレマイオス『アルマゲスト』に比類できる高度で精密な数理天文学が存在したはずだと考えたからです．補完法や不定方程式解法などを用いて未解読の資料を数値上補うことで，バビロニアの高度な数理天文学を再構成することができるという確信に至ったからです．ただしその準備としてギリシャ数学に関して多くの論文を出し，それが大きな反響を呼ぶことになります．

ノイゲバウアーとギリシャ数学

新人文主義の影響下ドイツでは西洋古典学の研究が盛んで，とくにギリシャ哲学研究は全盛期を迎えます．その関係で，ギリシャ数学と言えばプラトンやピュタゴラス派がしばしば取り上げられてきました．しかしノイゲバウアーは，ロギスティカ（計算術）は智慧や幾何学に勝り，証明さえも幾何学以上に行うことができるという，ピュタゴラス派数学者タラントゥムのアルキュタス（前428~前347）の言葉を取り上げます（アルキュタス『談話集』断片[*12]）．すなわち，従来のギリシャ数学史の記述が幾何学に偏りすぎているのに対し，むしろギリシャ数学の本領は計算法にあるとして，数学史から哲学的要素を排除します．「数学者」ノイゲバウアーは哲学のような思弁的学問を嫌ったようです．そのような雰囲気のなか，ノイゲバウアーは『クヴェレン』に論文「幾何学的代数について」(1936) を発表します．

[*12] 「計算術（ロギスティカ）は知恵の点で他の術（テクネー）にはるかに勝っており，幾何学よりも望むことをより明確に扱うことができる」(ストバイオスによる)．Carl A. Huffman, *Archytas of Tarentum*, Cambridge, 2005, p. 225.

1896年デンマークのソイテンは，非共測量［＝通約不能量］の発見によってギリシャ人達は代数的内容を幾何学に変容させたと議論していました．ノイゲバウアーは『原論』を題材に，この視点をさらに深めます．ギリシャ人はそれ以前のバビロニアの代数学的思考を幾何学に変換したとして，バビロニア数学とギリシャ数学との橋渡しをしたのです．当時学界では近代科学の起源をギリシャとする考え方「ギリシャ愛好」(*hellenophilia*) が蔓延していました．ノイゲバウアーのこの作品は，ギリシャ数学の始原はピュタゴラスではなくバビロニア数学にまで遡ることができるという奇抜で衝撃的な主張をし，「ギリシャの伝承のなかでピュタゴラス学派と呼ばれているものは，おそらくバビロニア学派と呼んだ方がよい」(1937) とまで言い切っています．

もちろんそこには，さらに証拠資料の探求という問題が残されていますが，ともかくも彼のこの主張はきわめて大きな反響を呼び起こしたことは言うまでもありません．ヨーロッパでは，その文化の起源はギリシャであるとの固い信念が疑われることはありませんでした．かつてのギリシャ独立戦争 (1821) にはイギリス人やドイツ人が従軍したこともあります．また2015~2018年のギリシャの財政問題に端を発したEU離脱反対運動にも，ヨーロッパ文化の源としてのギリシャという考え方が見え隠れし，ノイゲバウアーの提示した主張は西洋人にとってはきわめて根源的問題だったのです．

ただし，ノイゲバウアーのこの主張は今日ではもはや支持されることは少なく，ギリシャ数学はギリシャ数学の文脈で捉えるべきで，バビロニアの影響云々は現段階では資料上の検証ができず，論ずることは出来ないとされています．彼のこの研究路線は，ゲッティンゲンにおけるノイゲバウアーの影響で数学史に関心をもった代数学者ファン・デル・ヴァールデン

(1903~1996) [*13] が，古代数学を比較することで明らかにしようとしました．彼は『数学の黎明』(村田全・佐藤勝三訳，みすず書房，1984) でオリエント数学からギリシャ数学への移行を述べています [*14]．両人は歴史資料の取り扱いに関して異なる立場でしたが，数学的再構成という点では軌を一にしており，さらに生涯数学史について書簡を通じて語り合ったとされています．

今日から見てノイゲバウアーの主張を評価すると，オリエントとギリシャとの比較によって，かえってギリシャ数学の独創性が明らかになったことです．バビロニアにおいては，今日いう代数と幾何学との区別はありませんでした．他方ギリシャの主要数学は幾何学的枠組みの中での思考です．しかもそのギリシャ幾何学は大きさをもつ有限世界を研究対象とし，この現実の物理的世界の存在を反映しているからこそ３次元を超えては進むことはありませんでした．したがって，それは現実を超えた存在ではないことから，それらを操作するための記号法はとりたてて必要なかったのです．

ノイゲバウアーはここで当時の数学の時流にも関心を寄せ，それを歴史記述に適用します．ゲッティンゲンは抽象代数学のアマーエリ・エミー・ネーター (1882~1935) がいたところでもあり，彼女のもとに新しい数学が生まれようとしていました．ファン・デル・ヴァールデンなどその弟子たち，いわゆる「ネーター・ボーイズ」，あるいはドイツ語で言うと「ネーター・クナーベン」が彼女の成果を発展させていきました．また論理

---

*13　名前 B.L. van der Waerden に関しては様々な表記が見える．ここでは出身国オランダのオランダ語に近い発音を採用した．

*14　さらにファン・デル・ヴァールデンは，数学の起源を前 3000~前 2500 年頃の中央アジアに求めて壮大な比較数学史を論じている．『ファン・デア・ヴェルデン　古代文明の数学』(加藤文元・鈴木亮太郎訳)，日本評論社，2006．ただし数学的再構成による議論なので，歴史的記述としては評価されていないようである．

学や記号学も流行し，ノイゲバウアーは代数を用いた論理的推論をもとに歴史記述することを目指します．

米国におけるノイゲバウアー

ノイゲバウアーは出自がユダヤ系ではありませんが，自由主義者として迫りくるナチの威圧を感じ，まずコペンハーゲンに滞在し，先に述べたように多くの成果を出しました．その後，先に米国に渡ったユダヤ系数学者リヒャルト・クーラント（1888~1972）に呼ばれ，ロックフェラー財団の援助で最終的にプリンストン高等研究所に落ち着きます．かつて従軍し，イタリアでは捕虜にもなりましたが[*15]，ゲッティンゲン，コペンハーゲン，プリンストンなどで学者としては恵まれた研究環境に生きたと言えそうです．米国へ到着するとすぐ市民権を得て，今度は英語で論文を執筆し始めます，論文数は 300 点を超え[*16]，また日記，書簡，原稿が歴史資料としてプリンストンに残されています[*17]．数学史研究が大いに進展した約 30 年後の 1969 年に，『ギリシャ以前の数学』(1934) がそのままの形で再版されたことは，ノイゲバウアーの 1930 年台の仕事が決して乗り越えられてはいないことを示しています (翻訳は 1937 年の露訳しかありません)．

ノイゲバウアーの仕事の基盤は，代数を用いてバビロニアの

[*15] その際，捕虜収容所でヴィトゲンシュタインと出会い，配給が少なかったので二人はペンを共有したとの話が伝えられている．cf. Swerdlow, *op.cit.*.

[*16] J. Sachs, and G. J. Toomer, “Otto Neugebauer, Bibliography, 1925-1979”, *Centaurus* 22 (1979), pp. 257-280. これは網羅的ではなく，全著作目録はまだないようだ．

[*17] https://library.ias.edu/sites/library.ias.edu/ files/page/ MEM.NEUGEBAUER.html#ref219. （2017 年 6 月 4 日閲覧）

数理科学を再構成することです．したがってその数学史研究は数学者を意識してなされたたものなのです．米国に移ってからはその研究をさらに推し進めたことはもちろんですが，研究テーマはより広くなり，数理科学分野ではコペルニクスやケプラー研究など 16 世紀頃にまで広がります．

さらに関心は比較文明にまで広がっています．タミル，インド，ユダヤ，エチオピアの天文学について研究していることにそのことが伺えます．現代に生きる我々にとって，バビロニアの数理思考の過程を知ることはもちろん興味深いことですが，ノイゲバウアーの後期の広範な比較文明的視点からも多くのことを学べるような気がします．ノイゲバウアーの論文選集『天文学と歴史』(1983) の巻頭論文のタイトルは，「悲惨な (wretched) 主題の研究」です．これは 1951 年に公表された 1 ページの短文ですが，米国でのノイゲバウアーの新しい関心を象徴しています．「悲惨な主題」とは古代占星術のことです．これについては，「歴史年代学を確立するのに有益であるばかりではなく，文明研究にも重要である」にもかかわらず，その歴史研究は悲惨なほど貧しい現状であると述べています．ドイツにいた若い頃の再構成的数学史研究を続けながらも，米国では新しく文明史としての数学史をも射程においたのです．その意味で，「ヒューマニズムとしての科学史」をめざしたサートンの手法は手ぬるいと感じたのかもしれません．

ノイゲバウアーは 1 点のみ数学論文を執筆し，それはボーアとの共著 (1926) です．彼はゲッティンゲンの研究所では数学研究者として雇用されたこともあり，私講師（ドイツの大学で教育する権利を公的に与えられた者）として射影幾何学などの数学も教えていました．しかし教授資格審査では数学史研究で得ることになり，その研究にのめり込んでいきます．しかし，数学研究所で数学ではなく数学史を研究しても特段批判されることはなく，上司であるヒルベルトやクーラントは彼の数学史研究を支援さえしているのです．このゲッティンゲン大学の学問的自由な雰囲気は決して忘れてはなりません．

日本でも数学研究者として職に就いたものの，数学史研究に一生を捧げた人物がいます．和算史研究者の平山諦[*18](1904~1998) です． 彼は東北大学で恩師である藤原松三郎[*19](1881~1946) 教授が存命中のときは自由に和算史を研究できたようです．しかし没後，大学学部の枠内では決して数学史研究は支持されませんでした．そのような逆境の中でも平山は数多くの和算史研究を残しています．東北大学は「日本の月沈原（ゲッティンゲン）」と呼ばれていたにもかかわらずです・・・．

---

*18　鈴木武雄「和算の歴史を狭く閉じこめておかないために」，平山諦『和算の歴史』，ちくま学芸文庫，2007，231－259 頁参照．

*19　藤原松三郎著作で日本学士院編の『明治前日本数学史』全 5 巻，岩波書店，1954 は今日でも和算史研究の基本書である．

第7章

ヒースのギリシャ数学史記述

数学史で最も議論されるテーマにギリシャ数学と 17 世紀数学があります．前者について調べる場合，最も手頃な通史はヒースの書いたギリシャ数学史でしょう．ヒースはこの他にも多くのギリシャ数学に関する作品を残しています．数学史研究が進展している現在においても，おおよそ 1 世紀も前に書かれたヒースの作品が読まれているのはなぜでしょうか．本章では，このヒースの数学史記述について述べてみましょう．

ヒース卿

トマス・リトル・ヒース (1861~1940) は，男 3 人，女 2 人の兄弟のうちの三男としてイギリスのリンカンシャーで生を受けました．兄の一人は後に著名な数学者となっています．幼少期のヒースはとくに目立ってはいなかったようです．しかしケンブリッジ大学トリニティ・コレッジでは古典学と数学に優れた成績を収め修了します．ディオファントスについて書いた論文が評価され，そのことによりトリニティ・コレッジのフェローになります．その論文はとりわけケンブリッジ大学数学教授アーサー・ケイリー(1821~1895) に評価され，ヒースの処女作として刊行されました.

その後，公務員となります．公務員として様々な部署の職につきましたが，どこでも堅実な仕事を成し遂げ，65 歳で定年を迎えます．その後，もとの職場について『大蔵省』という作品を書いています．英国大蔵省の簡潔な紹介と歴史で，数学史研究とはほとんど関係はありませんがこちらも評価されました [*1]．ヒースは爵位を受けていますが，それはギリシャ数学史研究を評価されたというのではなく，永年大蔵省での誠実な勤務に対してのものなのです.

THE TREASURY

By

SIR THOMAS L. HEATH, K.C.B., K.C.V.O., F.R.S.

Joint Permanent Secretary to the Treasury, 1913-1919.

ヒース『大蔵省』(1927) の表紙題 [*2]

さてヒースのギリシャ数学に関する主要作品は次のものです.

---

*1　ただし，大蔵省記録文書に登場する最古の嘆願書は，エウクレイデス『原論』の英訳（1570）への数学的序文で著名なジョン・ディー（1527~1608 または 1609）が書いたとして，彼の数学についても言及されている．Sir Thomas L.Heath, *The Treasury*, London, 1927, pp. 140‒141.

*2　ヒース卿の称号 K.C.B. や K.C.V.O. とは，イギリスの騎士団勲章の一つバス勲爵士と，ロイヤル・ヴィクトリア勲爵士の，それぞれ Knight Commander の略称，F.R.S. はロンドンの王立協会フェローの略称.

1885『アレクサンドリアのディオファントス：ギリシャ代数学史研究』(第 2 版増補版 1910)
1896『ペルゲのアポロニオス：円錐曲線論』
1897『現代記号を用いたアルキメデス著作集』
1908『エウクレイデス「原論」13 巻』全 3 巻 (第 2 版増補版 1928)
1912『アルキメデスの「方法」』
1913『サモスのアリスタルコス：古代のコペルニクス』
1920『ギリシャ語エウクレイデス「原論」第 1 巻』
1921『ギリシャ数学史』全 2 巻
1931『ギリシャ数学史便覧』
1932『ギリシャ天文学』
1948『アリストテレスの数学』(没後出版)

このうち『ギリシャ数学史便覧』は『ギリシャ数学史』全 2 巻の簡易版で,『ギリシア数学史』という書名で和訳され今日でも広く読まれています *[3].

- T.L. ヒース『ギリシア数学史』全 2 巻 (平田寛・菊池俊彦・大沼正則訳), 共立出版, 1959~1960. 合本『復刻版ギリシア数学史』, 共立出版, 1998.

以上のリスト掲載の作品では,『ギリシャ語エウクレイデス 第 1 巻』を除き, すべて英語で書かれ, 大半がケンブリッジ大学とオックスフォード大学のそれぞれの出版局で出されています. 24 歳のときのディオファントスから始まる最初の 3 点は立て続けに出版され, ヒースの研究が凄まじい勢いで進展していたことが推測されます. しかもギリシャ数学史を飾る 3 人の数学者,

*[3] 簡易版は全 2 巻本の約半分の分量なので, ギリシャ数学を論ずる場合は英文『ギリシア数学史』2 巻本を参照すべき.

ヒースの肖像 *4

エウクレイデス，アルキメデス，アポロニオスにそれぞれ一書を捧げていることは注目に値します．なお彼には，他にも事典項目執筆などもあり，全著作を合わせると5000ページ以上になる計算です．

ヒースとギリシャ数学史研究 *5

公務員であったヒースはいつ数学史の研究に取り組んだのでしょうか．それは仕事が終わった夕刻からでした．どうやらイ

*4　出典：D. E. Smith, "Sir Thomas Little Heath", *Osiris*, 2 (1936), IV－XXVII のうちのIVに掲載.

*5　本節は次を参考にした．D. E. Smith, *op.cit.*; R. C. Archibald, "Obituary: Thomas Little Heath", *The Mathematical Gazette* 24 (1940), pp. 234－237; D'Arcy W. Thompson, "Thomas Little Heath", *Obituary Notices of Fellows of the Royal Society of London* III (1939－1941), pp. 409－426.

ギリスでは残業はなかったようで，42 年間 7 時間勤務の後，自宅で研究に励んだのです．おそらく自宅と職場とはあまり離れていなかったでしょうし，53 歳まで独身であったので，案外研究の時間が取れたのかもしれません．長い通勤時間と満員電車でというような，今日の日本の勤務状況とは異なるようです．とはいうものの，第一次大戦中は公務が多忙で，研究に時間が取れなかったようですが．

毎日ギリシャ数学史研究では飽きてしまうかもしれません．しかし気分を晴らす方策があったようです．彼の気晴らしは登山で，夏季休暇にはよくフランスや北イタリアの山々に登ったようです．またピアノ演奏にも時間を割き，齢をとってから結婚した相手は高名なピアニストでした．

ヒースにとってギリシャ数学史研究はどのような意味があったのでしょうか．彼ははっきりとそれが趣味 (hobby) であると述べています．彼は研究職に就いているわけではなく，大学で学んだ数学と古典語を自由に操り，気の向くままにギリシャ数学史の研究を続けました．

ところで研究者が研究職に就いていないという同様な状況は，他の著名な数学史家にも見られます．ベルギーのフベルトゥス・ビュザール (1923~2007) は，高校教師をしながら，エウクレイデス『原論』のアラビア語からの中世ラテン語訳など，中世数学原典の編纂で歴史に残る素晴らしい業績をあげました．また同じくベルギーのフェル・エーク (1867~1959) も鉱山技術者でしたが，ヒースと同じように，エウクレイデス，ディオファントス，アポロニオス，アルキメデスなど多くのギリシャ数学原典をフランス語に訳し，それらは原典に忠実という点で今日でもとても評価されています [*6]．

ギリシャで活躍した主要な数学者はエウクレイデス，アルキ

[*6] フェル・エークは他にセレノス，メネラオス，プロクロス，さらには中世のピサのレオナルド『平方の書』などもフランス語に翻訳している．

メデス，アポロニオス，してディオファントス，ヘロン，パッポスでしょう．しかし英国ではその幾何学重視の教育制度から，圧倒的にエウクレイデスが好まれていました．実際『原論』の近代語版の出版点数では，英語版がフランス語版，ドイツ語版を遥かに凌駕しています．そういったなかでヒースは，エウクレイデス以外の数学者にも光を当てたのです．

ギリシャの数学者は20世紀にどの程度評価されているか，数学書の中の記述にあてた頁数で上記6大数学者を比較してみましょう．英文ヒース『ギリシャ数学史』全2巻と，今日最も詳しい数学史書の一つ，和訳カッツ『カッツ 数学史』(共立出版) とでそれを見ていきます．するとかなり両者の間で数学者に対する評価が異なることがわかります．ヒースの場合，ヘロンを除くと，他の5人にはおおよそ同じくらいの頁数を当てています．他方，カッツは，エウクレイデスに半分弱程割り当てていますが，ヘロンやパッポスの記述は付け

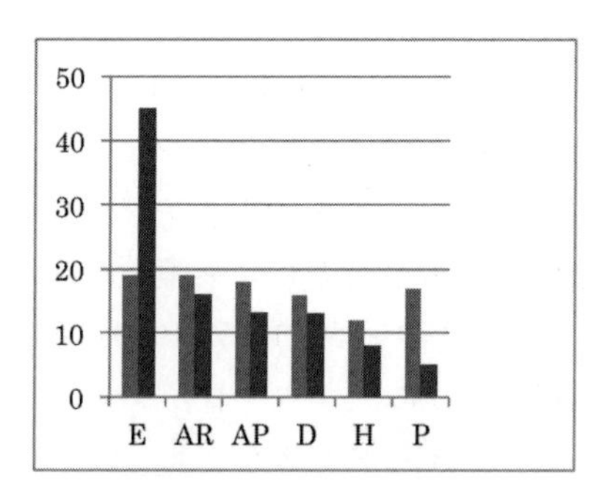

ヒース (左) とカッツ (右) による 5 大数学者についての記述配分 *7.
エウクレイデス (E)，アルキメデス (AR)，アポロニオス (AP)，ディオファントス (D)，ヘロン (H)，パッポス (P)

*7 Heath, *A History of Greek Mathematics*, 2 vols.; ヴィクター J. カッツ『カッツ 数学の歴史』.

足し程度なのです．両数学史家の扱いの違いは，とりわけエウクレイデスとパッポスに顕著に見られます．カッツの作品は教育を主眼とした数学史ではありますが，和算は含まないものの世界の数学を扱った総合的作品なので，今日において数学史全体の中で6大数学者がどのように評価されているかがわかります．

他方ヒースにおいてパッポスが評価されているのは，パッポスの作品は，消失した原典の議論を含めギリシャ数学史上の情報を他に抜きんでて多く含んでいるからでしょう．またさらに当時のフルチュによるギリシャ語原典編集版『現存するパッポス「集成」』(ベルリン，1876~1878) の刊行もヒースに刺激を与えたのでしょう．ヒースはまだ学部学生であったとき，『エンサイクロペディア・ブリタニカ』(第9版，1885) の第18~19巻に，2項目「パッポス」「ポリスマタ」[*8] の執筆を担当し，数学史研究の当初からパッポスに関心をもっていました[*9]．ヒースはそこではパッポスには紙幅の関係でわずか2ページしか割けなかったので，『ギリシャ数学史』2巻でようやく存分に85頁にもわたって論じることができたのです．実際，ギリシャ数学の全般的な情報を知るには，ヒースの扱ったパッポス『数学集成』が適切なテクストの一つではないでしょうか．

ヒースの時代より前に英国では，ギリシャ数学史研究としては，ジェームズ・ゴウ『ギリシャ数学小史』(1884)，ジョージ・オールマン『タレスからエウクレイデスまでのギリシャ幾何学史』(1889) が刊行されているにすぎませんでした．それらはヒースのようにきちんと原典に基づいてなされた研究ではありません．ヒースは，このうちケンブリッジにいたゴウから大学時代に刺激を受けました．

---

*8 『ポリスマタ』はエウクレイデスの消失した作品だが (本書第10章参照)，またディオファントスもそれについて書いたとされている．

*9 その後，第11版，第14版でもアルキメデスなど多くの項目を担当した．

ヒースのディオファントス

ヒースの処女作は『アレクサンドリアのディオファントス：ギリシャ代数学史研究』(1885) です．副題から読みとれるように，ヒースは代数学の起源をアラビアではなくディオファントスに見たのです．

いまディオファントス『算術』第2巻問題8をヒース訳から和訳してみましょう[*10]．のちにフェルマがバシェ版ディオファントス『算術』に注釈を加えた有名な箇所です．

> 与えられた平方数を 二つの平方数に分けること．
> 与えられた数を16とする．
> x^2 を求めるべき平方数の一つとする．それゆえ $16-x^2$ は平方に等しくなければならない．
> $(mx-4)^2$ の形の平方数を取る．ただし m は任意の整数，4は16の平方根である．たとえば，$(2x-4)^2$ を取り，$16-x^2$ に等しいとする．すると $4x^2-16x+16=16-x^2$，つまり $5x^2=16x$．
> こうして $x=16/5$．
> 求めるべき平方は，それゆえ 256/25 と 144/25．

次に，ヒースと同じくギリシャ数学の翻訳に関わった，フェル・エークによるフランス語訳を見てみましょう[*11]．

---

*10 Heath, *Diophantus of Alexandria: A Study in the History of Greek Algebra*, Cambridge, 1910, pp. 144-145. 初版（1885）では翻訳ではなく要約と述べられているが，第2版（1910）では要約とも翻訳とも書かれていない．第2版はフェルマやオイラーからの抜粋を含め，大幅な増補版である．

*11 P.Ver Eecke, *Diophante d'Alexandrie : les six livres arithmétiques et le livre des nombres polygones*, Bruges, 1921, pp. 53-54.

与えられた平方数を 二つの平方数に分けること．

それゆえ 16 を 二つの平方数に分けることを提案しよう．

最初の数をアリトモス *12 の 1 平方と置こう．すると他方の数は 16 *13 単位引くアリトモスの 1 平方となろう．それゆえ，16 単位引くアリトモスの 1 平方は平方数に等しくなければならない．

16 単位の平方根にあるだけの単位を減じたいくつかのアリトモスの，その平方をとろう．それを 2 アリトモス引く 4 単位の，その平方とする．それゆえこの平方は，アリトモスの 4 平方と 16 単位引く 16 アリトモスとなるであろう．これを 16 単位引くアリトモスの 1 平方と等しくしよう．それぞれの負の項を加え，同じものを同じものから取り除こう．するとアリトモスの 5 平方は 16 アリトモスに等しくなり，アリトモスは 16/5 となるであろう．ここから数の一つは 256/25 で，他方は 144/25．ところで，これら二つの数は加えられると 400/25，すなわち 16 単位となり，それらの各々は平方数である．

両者は明らかに翻訳法が異なります．ヒースは，ディオファントスの数学的内容を当時の英国の数学者たちにとにかく知らせたいという目的で，簡潔に理解できるよう数学記号を用いて記述しています．ディオファントスの演算法は，そこには記号法こそありませんが，その後のアラビア代数学に見られる演算法と類似していることが指摘できます．ディオファントス『算術』は，スペイン系ユダヤ人でロンドン在住であったアビゲイル・ルーサーダ（1772 頃 ~1833）女史が英訳したことが知られ

*12　ギリシャ語は ἀριθμός で，数の意味．

*13　ギリシャ語原文にしたがい仏訳文の 11 を 16 に訂正．

ていますが [*14]，それは公刊されなかったので，ヒースの英訳は当時大歓迎されました．

ところでフェル・エーク訳は，ディオファントス『算術』の決定版であるタンヌリによるギリシャ語編集本全2巻(1891~1893) をフランス語訳したものですが，ヒースが執筆した時点ではまだタンヌリのテクストは出版されていませんでした．英訳の原典となる編集本がまだなかったがゆえに，ヒースは要約のような訳文にして紹介したのかもしれません．

この記号を用いるヒースの手法は，後に公刊されたアポロニオス『円錐曲線論』でも採用されています．そこでは座標こそ用いられていないものの，記号で簡潔に記されています．しかし，だからこそアポロニオス『円錐曲線論』も現代の読者に理解されうるのであり，ヒースの方法が不適切というわけではありません．実際，ヒースのとった現代的表記法以外で，一体どのようにして『円錐曲線論』をわかりやすく提示できるのでしょうか．

ヒースの『アレクサンドリアのディオファントス』は大変好評でした．彼はさらにこの作品に，ディオファントス方程式に関するフェルマとオイラーによる研究の翻訳を付け加え，大幅に増補し第2版として1910年に出版し，それは今日まで読み継がれています．またエウクレイデスやアリスタルコスの作品を，原典ギリシャ語からしばしば写本までも用いて忠実に訳していることも付け加えておかねばなりません．

なぜギリシャ数学なのか

ところでヒースの作品には副題が付けられ，それはディオファントスのみならず天文学の作品にも見られます．『サモスのアリスタルコス』(1913) には「古代のコペルニクス」という目

[*14] W.D.Rubinstein *et.al.* (eds.), *The Palgrave Dictionary of Anglo-Jewish History*, Hampshire, 2011, p. 618.

立った副題が付けられています．ここでも彼は，古代ギリシャの天文学者サモスのアリスタルコス（前310頃~前230頃）にコペルニクスの太陽中心説を遡及させています．この副題を付けることによってヒースは，アリスタルコスの業績を専門家のみならず一般にも広く伝えたかったのです．実際，1698年設立の英国国教会の支援団体「キリスト教知識普及協会」*15 に依頼された「発展の先駆者たち」シリーズでは，『古代のコペルニクス——サモスのアリスタルコス』(1920) や，『アルキメデス』(1920) という小編も出版しています．ただしそれらは通常の科学啓蒙書で，そこにキリスト教に関わる記述はありません．

彼のギリシャ愛好を見ておきましょう．それは『ギリシャ数学史』2巻本の序文冒頭に記述されています *16．

> 数学者にとって重要なのは，数学の基礎，そしてその内容の大半がギリシャ起源であると考えることである．ギリシャ人たちは，最初の原理を打ち立て，方法を最初から発明し，用語を定めた．現代数学がどんなに新しい展開を導き出し，また導き出すことになろうとも，要するに，数学はギリシャ科学なのである．

ここにヒースをはじめとする当時の西洋の学者たちの典型的な「ギリシャ愛好」が見られます．

ヒースの数学史上の代表作は『ギリシャ数学史』全2巻 (1921) と『エウクレイデス「原論」13巻』全3巻（1908，第2版は改訂版で1928）でしょう．後者はいまだ『原論』研究では重要な参考文献です．ところでヒースには『原論』に関するもう一つの作品があります．『ギリシャ語エウクレイデス「原論」第

*15　Society for Promoting Christian Knowledge は今日 SPCK と呼ばれ，古くから出版事業を行い，様々な活動を続けている．

*16　Heath, *A History of Greek Mathematics*, vol.1, Oxford, 1921, v.

1 巻』(1920) です．当時の英国の青年教育では，人としての常識を学ぶ古典 (ギリシャ語とラテン語) と，思考力・推論法を育むための幾何学とが重要な教科でした．その両者に一度に役立つ教育用テクストがギリシャ語の『原論』テクストです．こうしてギリシャ語原典と数学的・言語的注釈を付けた小品をヒースは出版したのです．しかし教育における上記の目的が主張された時代はすでに過ぎ去りつつあり，第 1 巻のみの刊行で終わりました [*17]．したがって，ヒースのその書はもはや教育の実践には役に立たなかったようです．それでも今日から見れば，手頃な『原論』原典入門書と考えても差し支えないものに出来上がっています．

ヒースは 1940 年に亡くなりましたが，晩年に執筆したアリストテレスの数学に関する原稿が遺品の中から見つかっています．ただし病気をおしての執筆で，ヒースはそれによって死期を早めたとされています．原稿は妻によって発見され，『アリストテレスの数学』(1948) として没後公刊され，今日でも読み続けられています．

ただしヒースの作品の内容は多くの点で今日ではすでに凌駕されていることも事実です．とりわけ 20 世紀後半に進展したアラビア数学史研究は，ギリシャ数学史の記述に変更を迫るまでになっています．ギリシャ語からアラビア語に訳された現存テクストのなかには，伝来のギリシャ語テクストよりも古い形を留めていることがあるからです．またヒースがアカデミックな世界に所属していなかったことや，現代数学記号を用いた記述が今日では古臭く感じられることから，彼に続く後継者はとくに

[*17] 英国では 1904 年以降『原論』は必須科目ではなくなった．A.Moktefi, “Geometry: the Euclid Debate”, Flood, Rice, and Wilson (eds.), *Mathematics in Victorian Britain*, Oxford, 2011, pp. 321–336. ヒースは保守的な生活を送っていたという．たとえば，当時電話が普及しだしていたが，彼はそれを用いることはなかった．

いません．

しかしそれでもヒースの研究は，アルキメデスやアポロニオスなどの数学内容と歴史的背景を広く理解するために，今日でもきわめて重要と言えます．実際，ギリシャ数学の原典の多くは，デンマークの古典語学者ヨハン・ハイベア（1854~1928）編集によるものですが，ヒースによれば，ハイベアのテクストに描かれている図版は本文理解には適切でないとして，アポロニオスでは，ハリ（1656~1742，ハレーとも呼ばれる）のラテン語訳に付けられた図版を参考に，しばしば描きなおしているのです*[18]．それだけではなく，ヒース『エウクレイデス「原論」13巻』は，研究者のみならず広く一般にも読まれています．ヒース訳を用いた『原論』命題の証明抜きの骨格部分は，『ザ・ボーンズ――ユークリッド「原論」ポケット版必携』として広く使われているようです*[19]．

彼は公務員の仕事に力をそそいだだのと同様に，遺漏なくギリシャ数学にも力を尽くしたのです．

*18　ヒースの『ペルゲのアポロニオス　円錐曲線論』はハリーに捧げられている．ヒースは言う，「ハイベアのアポロニオスの唯一の欠点は図版で，不十分で誤解を招きさえする」．cf. T. L. Heath, *Apollonius of Perga*, Cambridge, 1896, x.

*19　Euclid, *The Bones*, Santa Fe, 2002.

第II部

古代

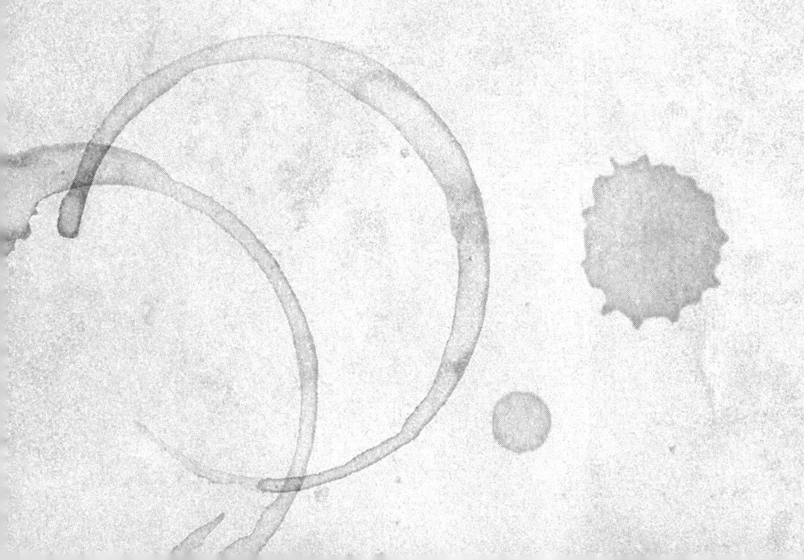

第8章

最古の数学テクスト

現存最古の数学書は何でしょうか．ほぼ完全なテクストと言えば古代エジプトの『リンド・パピルス』です．これは単位分数計算表と 85 問の数学問題からなり [*1]，大局的に見るならテクスト上の解読不能な箇所はほとんどなく，また珍しいことに序文も残されています．原テクストは紀元前 1800 年頃（上下エジプト王〔ニ・マ〕アト・ラーの時代）書かれましたがこれはすでに散逸し，前 1550 年頃（上下エジプト王アア・ウセル・ラーの時代）筆写したものが現存し，大英博物館が誇る貴重な歴史資料です．もちろん単に計算を記述した断片であれば，それより古い古代バビロニアの粘土板断片がありますし，古代エジプトでも数字の書かれた石板も前 3500 年頃のものが現存します．しかし，最古のほぼ完全な数学テクストといえば普通は『リンド・パピルス』と言われます．

中国にも古いものがありそうですが，実はそうではなく，現存するのは紀元前 100 年頃書かれた竹簡『算数書』です．古代中国の古典『九章算術』が書かれたのはおそらく 1 世紀後半頃

[*1] 正確を期するなら，あと二つ 86 番，87 番があるが，問題文なのかどうか解釈不能．

と思われますが[*2]，当時のものは現存せず，後代に編集されたものしか手にすることはできません．古代ギリシャでも同様です．アルキメデスやエウクレイデスの作品はずっと後代に書き写されたものしか残されていません．以上の中国やギリシャの現在我々が手にする古典数学作品は後代の写本や編集物なので，それらが当初書かれたものと同一内容かどうかはかならずしも明確ではありません．それに比べ『リンド・パピルス』は，今から3500 年ほど前の現物そのものが残されているのですから驚きです．

実は,『リンド・パピルス』の影に隠れた，さらに古い数学テクストがあるのです．『モスクワ・パピルス』です．原テクストは前 1850 年頃書かれましたがこれはすでに散逸し，現存『リンド・パピルス』より少し前の第 13 王朝（前 1800 頃~前 1550 頃）に筆写されたものが現存しています．今回は，この本当の意味での「最古の数学テクスト」を見ていきましょう．

『モスクワ・パピルス』

ロシアのエルミタージュ博物館の元エジプト資料管理者で，後にカイロ大学エジプト学教授となったウラジミールセミョノヴィッチ・ゴレニシェフ（1856~1947）は，1893 年カイロで数学パピルスを購入しました．それを故国ロシアに持ち帰った後，生涯年金を授与してもらえるとの約束で政府に寄付しました．ただし年金のほうは，1917 年のロシア革命以降途絶えてしまいました．このパピルスが，今日モスクワのプーシキン美術館に E 4676 として所蔵されている『モスクワ・パピルス』です．『リンド・パピルス』はアレグサンダー・ヘンリー・リンド(1833~1863) が発見しその名前がついているので,『モスクワ・

[*2] 次の書には成立年の様々な説が紹介されている．李迪『中国の数学通史』(大竹茂雄・陸人瑞訳)，森北出版，2002，73 頁．

パピルス』も『ゴレニシェフ・パピルス』と呼ぶのが，あるいは大英博物館に保管されている『リンド・パピルス』のほうを『ロンドン・パピルス』と呼ぶのが合理的ですが，今日では慣習で『モスクワ・パピルス』と呼ばれています[*3].

『モスクワ・パピルス』は長さ 5.44 m，幅はおおよそ 8 cm のパピルスに数学問題が 25 問書かれています.『リンド・パピルス』もほぼ同じ長さですが，こちらは幅が 33cm ほどで，この幅がパピルス文献の標準であることを考えれば,『モスクワ・パピルス』は特別な形態をしていることになります[*4]. 具体的問題とその解答とから成立し，散逸した原テクストからランダムに問題が寄せ集められ筆写されたようです. この点で系統的配列を保つ完成度の高い『リンド・パピルス』とは異なります. パピルスが破損し，問題の幾つかはもはや判読不能ですが，ともかくも複数の数学問題と解法とが記述されているので，数学テクストと呼んでよいでしょう[*5]. ただし古代エジプトに学問分野としての数学が存在したわけではありませんので，内容からいうと計算問題テクストと呼んだほうがよいかもしれません.

テクストは，本書第6章で述べた『クヴェレン』の 1930 年 1 巻全体を占めるヴァシリー・ヴァシーリエ・シュトルーヴェ (1889~1965)[*6] の研究書が基本です. そこにはドイツ語解説論

---

*3　ただしリンドもゴレニシェフも現地の古物商から購入したのであり，これが発見と言えるかは別問題.

*4　二つの数学パピルスとその問題については次を参照. 三浦伸夫『古代エジプトの数学問題集を解いてみる』，NHK 出版，2016（第2版).（以下，『古代エジプトの数学問題集』と言及）

*5　有意な最古の数学史料の一つは，前 2670~2650 頃サッカラで書かれた Ostrakon Caire　JE 50036 で，4 分の一の楕円（？）に数値が記されているものだが，何を意味するかは不明.

*6　古代オリエントの多くの言語に通じ，多くの著作を出版したロシアのオリエンタリスト. ロシア語ではストルーヴェ.

文とともに，パピルスの白黒写真が掲載されています[7]．細長いからでしょうか，そこではパピルスは切断されて掲載されています．後にクラーゲットが英訳と解説を付け，さらにシュトルーヴェからのテクストも転載していますが，その写真写りが悪いのが欠点です．もとのシュトルーヴェのものは白黒写真なので，その後の研究成果も含めたカラー版テクストの出版が強く望まれます．また一部は近年ミシェルによってフランス語にも訳され，こちらは丁寧に書き直したテクストが含まれていますので便利です．

- W.W.Struve, *Mathematischer Papyrus des Staatlichen Museums der Schönen Künste in Moskau,* (*Quellen und Studien zur Geschichte der Mathematik*, A 1), Berlin, 1930 .
- M. Clagett, *Ancient Egyptian Science: A Source Book*, vol. 3, American Philosophical Society; Philadelphia, 1999, pp. 205-237.
- M. Michel, *Les mathématiques de l'Égypte ancienne : Numération, métrologie, arithmétique, géométrie et autres problèmes*, Bruxelles, 2014 .

驚くべきことに,『リンド・パピルス』と『モスクワ・パピルス』とは，テーベ (現ルクソール) 近郊の 500 メートルと離れてはいない 2 箇所で発見されました．したがって同一環境で書かれたと見てよいでしょう．実際，両者には同じような問題が見受けられます．しかし用語法は異なりますので，数学用語の標準化はなされていなかったようです．

[7] ヒエログリフへの転写とロシア語への翻訳は，師であるチュラエフによるもので，それを完成しドイツ語にしたのがシュトルーヴェ．

書体と内容

古代エジプトの文字には，ヒエログリフ，ヒエラティック，デモティックの三種があり，それぞれ楷書体，筆記体，速記体と考えればよいでしょう．パピルスは通常ヒエラティックで右から左方向に書かれています．研究者はこのヒエラティックをヒエログリフに書き直し，さらにローマ字表記にしてから辞書を参照したり，議論したりします．ただし『モスクワ・パピルス』のヒエラティック字体は『リンド・パピルス』のそれとは異なりかなり特殊で，判読は容易ではありません．

数	ヒエログリフ（参）	ヒエラティック	
		モスクワ	リンド
$\frac{2}{3}$			
56			

ヒエラティック数字[*8]（左向き）

[*8] ヒエログリフは A.B.Chace『リンド数学パピルス』（吉成薫訳），朝倉書店，1985, II より．ヒエラティックの『モスクワ・パピルス』と『リンド・パピルス』は，Michel, *op.cit*. より．なおヒエログリフの 2/3 の下の２本の棒に関しては，長さを同じにする表記法もある．

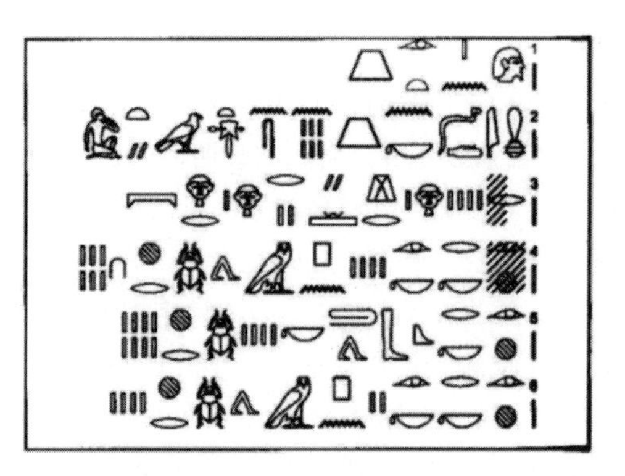

『モスクワ・パピルス』の一部

前頁下の図はヒエラティック（破損した箇所もある）の転写で，本頁上の図はヒエログリフに書き直したもの．双方とも左方向に読んでいく．（出典：Michel, *op.cit.*, p. 396）

『モスクワ・パピルス』の問題はおおよそ次のように分類できます *9.

ペスウ問題 *10(料理比)	10 題
アハ問題(量)	3 題
バク問題(仕事や労働)	2 題
三角形	5 題
切頭錐体 (問題 14)	1 題
半球(？)(問題 10)	1 題
船	2 題
他	1 題

さて『モスクワ・パピルス』は，25 問のうちとりわけ次の 2 問が数学的に興味深いとして注目されてきました．曲線図形の体

*9　問題の詳細は『古代エジプトの数学問題集』参照.

*10　料理における素材と食品との比を扱う.「料理する」を意味するペスに由来.詳細は『古代エジプトの数学問題集』参照.

積を求める問題10と，切頭錐体の体積を求める問題14です．
　以下では紙幅の関係から問題14を取り上げます．

切頭錐体の体積

　『リンド・パピルス』にはピラミッドの傾斜（セケド）を求める問題が5問ありますが，『モスクワ・パピルス』にはそれはありません．他方『モスクワ・パピルス』には『リンド・パピルス』にはない切頭錐体の体積を求める問題があります．今それをテクストに沿って詳しく訳しておきましょう[*11]．

> ⏢の計算の例
>
> もし汝が，高さが6，下の面の辺が4，
> 上の面の辺が2の⏢と言われるなら．
>
> この4を平方すると16となる．
> 4を2倍[*12]すると8となる．
> この2を平方すると4となる．
> この16とこの8とこの4のすべてを計算する．
> すると28となる．
> 6の$\bar{3}$ [*13]を計算すると2となる．
> 28を二回計算すると56となる．
> 見よ．56がこれになる．
> 汝が見つけたことは正しい．

*11　テクストは Struve, *op.cit.*.

*12「4を2倍する」（汝は4を2倍すべきである」の「2倍する」（*ḳb*，通常は *ḳ*ꜣb）は，文法的には上面の辺の2を指すとはかぎらない．

*13　$\frac{1}{3}$を今日では$\bar{3}$と表記する．

以上は，$(4\times4+4\times2+2\times2)\times6\times\frac{1}{3}$ を計算しています．古代エジプトでは記号法がなく，このように具体的数値でしか計算できませんでしたが，ここでの計算は一般的に他の数値でも成立すると考えてよいでしょう．つまり，底面の正方形の1辺を b，上面の正方形の1辺を a，高さを h としたとき，切頭錐体の体積 V は次のようになることが理解されていたのです．

$$V=\frac{1}{3}h(a^2+ab+b^2).$$

これは数学的に正しいのですが，なぜこのようになるのかの説明はありませんし，もちろん当時は実用性のみが求められたので，説明の必要があるとは考えられませんでした．とは言え，その解法に関して研究者の間では様々な数学的再構成がなされてきました．その多くはこれが切頭ピラミッド（英語では truncated pyramid）の体積を示すものだとするものです [*14]．しかし古代エジプトには切頭ピラミッド建造物そのものは存在していないようです [*15]．この問題で取り上げられている物体は，一般のピラミッド（たとえばギザの3大ピラミッド）に比べ傾斜がかなり急勾配です．古代エジプトに倣ったヌビア文明（現スーダン，前1000~後300）のピラミッドは傾斜が急なものばかりですが，それでもこの問題に見られる物体の傾斜角にはとうてい及びません．したがって，この問題の切頭ピラミッドを実在の建造物と解釈することは困難と思われます．通常古代エジプトの計算問題は，身近に存在する具体的問題を題材としていたからです．

---

*14　英語の pyramid は本来ピラミッドの意味で，そこからその形をした錐体の意味に転じたが，研究者の多くは錐体ではなく，建造物のピラミッドの意に解しているようである．

*15　ただし切頭錐体の形をしたオベリスクの台座が存在する．

ヌビアのピラミッド
（出典：ウィキメディア・コモンズ）

この問題文にはピラミッドという単語自体は現れません．問題文 1 行目に問題となる平面図形がそのままの形で挿入されているのです．今日の研究者は，この図形を切頭ピラミッド *mr* – *ḥ3k*（メル・ハク）と呼んでいます．古代エジプト語では，ピラミッドは *mr*，略奪は *ḥ3k* と呼ばれたからです．しかしこの図形（あるいは文字）の発音は不明で，また他のエジプト文献にも見あたりませんので，ここではこの図形は文字ではなく単に図形と捉え，訳さずにそのままにしておきます．

ピラミッドを示すヒエログリフ（左から右へ）．
一番左は 1 文字で *mr*．真ん中は「ふりがな」で，鳥は *m*，口は *r*．今日，研究者は発音のために母音 *e* を補い，全体で合わせてメルメルではなく単にメルと発音．右端のピラミッド形文字は，それが何に関係があるかを示す文字（これを文法用語で決定詞という）で発音しない

通常問題文の多くには単位が添えられていますが，この問題には単位が示されていません．大きさが不明なので，ピラミッドのような大きな建造物ではなく単なる石台を示しているだけ

かもしれません．ずっと後代の中国数学や和算にも，同じような切頭錐体（とくに正四角錐台）の体積を求める問題があり正解を出しています．そこではそれは方亭，方台と呼ばれ，土などを盛った土台で，ピラミッドとは関係はありません．古代エジプトでも同様に，建造物のピラミッドではなく切頭錐体と考えればよいのではと思われます．

錐体の体積

さてここで問題があります．エジプト人が切頭錐体ではなく切断以前の錐体自体の体積の計算法を知っていたかどうかです．底面の面積を A，高さを h としますと，体積は $\frac{1}{3}hA$ となりますが，これを彼らが知っていたとする資料は見つかっていません．

ただし原始的な体積計算法も考えられ，そこからは様々な体積を導くことができます．石材やナイル川の泥で模型を作り，その量を測って経験的に概算することは可能でしょう．ただしその際，いわゆる正確な公式は見いだせないと思われます．また，古代地中海世界の実用計算を記した『測量術』の記述も参考になるかもしれません*16．これはヘロン作とされてきましたが，実際は他の人物の作品と考えられています．そこでは様々な形の立体が水中に沈められ，溢れ出した水の量から体積が求められています．そこに記述されている切頭錐体の体積は，バビロニアに見られるのと同じく

$$V = h \cdot \left\{ \left(\frac{a+b}{2} \right)^2 + \frac{1}{3} \left(\frac{a-b}{2} \right)^2 \right\}$$

です．

同様の方法は入浴中のアルキメデスの王冠の逸話「ヘウレー

*16　E. M. Bruins (ed.), *Codex Constantinopolitanus Palatii Veteris* no.1, Leiden, 1964, p. 285.

カ」(「我，発見セリ」）でもよく知られています．またアルキメデス『方法』によると，デモクリトス（前 460~前 370）は,「同じ底面と等しい高さをもつ円錐は円柱の，また角錐の，いずれも三分の一（の体積）である」*17 という事実に最初に言及したとされています．ただし証明はしていません．デモクリトスには,「神官たちから幾何学を学ぶためにエジプトに赴いた」*18，という逸話が残されているのは興味深いことです．

このエジプトがどこを指すかは不明ですが，ギリシャ人たちの住んでいたナウクラティスも可能性の一つでしょう．ナイル川デルタ地帯西岸のその地は，ギリシャとエジプトの交易都市として前625年に建設され，それ以降，商業交易と文化交流の拠点となった場所だからです．後に建設されるアレクサンドリアの近郊なので,「アレクサンドリアの 〜」と呼ばれるギリシャの学者たちもこの地で活躍したのかもしれません．

古代エジプト地図

*17　田村松平『ギリシアの科学』(世界の名著 9)，中央公論社，1972, 422 頁．

*18　日下部吉信『初期ギリシア自然哲学者断片集』3, ちくま学芸文庫，2001, 49 頁．

いずれにせよ，資料は残されていませんが，エジプト人達はピラミッドなど錐体の体積をすでに正確に計算できたと想像できます．後代の話ですが，前1世紀頃の立体図形の体積計算を扱ったギリシャ語パピルスには，底面の正方形の1辺14，上面の1辺が2，斜面の縁の長さが9の切頭錐体の体積を求める問題も見出され[*19]，他にもこの種の問題はしばしば見出されます．錐体よりも切頭錐体のほうが現実生活ではより頻繁に出くわしたのでしょう．

中世アラビア数学ではフワーリズミー(9世紀)が，『モスクワ・パピルス』とは高さの数値がわずかに異なるだけの，底面の辺4，上面の辺2，高さ10の切頭錐体（*'amūd makhrūṭ*「錐体の柱」の意味）の体積を求めています（『モスクワ・パピルス』では高さは6)．錐体自体の体積を求める式はすでに知られていたようで，それを用いて，大きな錐体から上部の小さな錐体を差し引く方法で正しく求めています．そこで描かれた図形を見る限り，ピラミッドが問題ではなさそうです．

フワーリズミー『ジャブルとムカーバラの書』(以下『代数学』と言及) の切頭錐体
オックスフォードのボードリアン図書館所蔵 (Bod. Hunt, 214) のアラビア語写本 (1342年筆写)．3次元図形として見事に赤色で描かれている[*20]．図には上から数字2，10，4が書かれている

*19　したがって高さは3となりかなり扁平な図形．P. Vindob. G. 19996#19（ウィーン所蔵)． cf. Friberg, *Unexpected Links Between Egyptian and Babylonian Mathematics*, Danvers, 2005, p. 241.

*20　R.M. Castillo (ed.), *El libro del algebra. Mohammed ibn-Musa al-Jwarizmi*, Nívola, 2009, p. 88. 本書には，フワーリズミーの代数学テクストのファクシミリ版とそのスペイン語訳が含まれている．

記号ではなく文章を用いてですが，切頭錐体体積の公式を初めて述べたのはピサのレオナルド『幾何学の実際』(1220) です．おそらくアラビア数学から情報を得たのでしょう．ただしそこではエウクレイデス『原論』第 11 巻命題 28 が引用され，証明も付けられている点が異なります．

テクストを読んでみる

数学パピルスは通常，冒頭や問題文のみ赤色で，その他は黒色で書かれています (これは中世アラビア数学でも同様です)．ここでは冒頭の一文が赤色です．問題文は *Tp* (テプ) という単語から始まりますが，その本来の意味は「頭」[*21] です．しかし冒頭に置かれ，それ以降のことを示すので，例，規則などと訳すことができます[*22]．『モスクワ・パピルス』には計算という操作を直接示す特定の単語はなく[*23]，通常は *ir* という頻繁に登場する単語が用いられます (原義は「行う」で目の形)．

専門用語は未発達なので，以下では計算の手順を括弧内で表記しておきます．

ここで一般的な単語の使用法を見ておきます．x, y を数としますと

*21　実際に人の頭の形をした文字の下に縦の 1 本の線をつける．この線は決定詞で，単数を示し，ここでは人間の代りを意味したのかもしれない．吹田浩『中期エジプト語基礎文典』，ブイツーソリューション，2009，219–220 頁．

*22 『リンド・パピルス』にもこの単語は見られ，そこでは例，問題と和訳され，さらに「三角形の土地を行うことの例」は，「三角形の土地を計算する問題」と意訳されている．Chace, 前掲書 , I: p. 60, II: p. 146.

*23 『リンド・パピルス』には計算を示す *ḥsb* という単語がある．なおアラビア語でも計算を示す単語の語根も同じ *ḥsb* であることは興味深い．

ir.ḫr.k ir.k x m sn

xを平方する（汝はxを入る状態にする）．

ir. ḫr.k ir.k x sp y

xをy倍する（汝はxをy回する）．

irr. ḫr.k ir.k $\frac{1}{x}$ *n y*

yの$\frac{1}{x}$をとる（汝はyの$\frac{1}{x}$をする）．

ḫpr.ḫr x *24

xとなる．

ここで*ir. ḫr.k ir.k*は，後半の*ir.k*だけで「汝はする」（計算する）という意味なので，前半の単語*ir.ḫr.k*は不要と思われますが，『モスクワ・パピルス』や『リンド・パピルス』にはしばしば見られる文体です．これは文法用語では*sḏm.ḫr.f*（セジェム・ケル・エフ）の形で，数学・医学文献にしばしば用いられる文体ということです．それは前文に続き必然的に生まれる結果を示し，したがって「そこで〜しなければならない」「〜すべきである」と訳せます *25．ここでは*ir. ḫr.k ir.k*（イル・ケル・エク・イル・エク）を「（したがって）汝は計算すべきである」という意を含み「計算する」と訳しておきます．数学テクストとはいえ，微妙に文体を選んで表記していることがわかります．

特殊な表現

さて，興味深い表現が使用されていることを見ておきましょう．「xを平方する」のところに登場する*sn*は右から左向きに書

*24 『リンド・パピルス』では*ḫpr.ḫr m x*と*m*（「〜とする」）をつけることもある．

*25 吹田浩，前掲書，126頁．

く場合，両足の形 𓂻 [*26] と書き，「移動する」ことを示しています．この文字は『リンド・パピルス』問題 28 では「入ること」として加法を，その逆向きの文字 𓂽 は「出ること」として減法を意味するとされています [*27]．商業文献ではそれぞれ収入・支出の意味に用いられているようです．しかし『モスクワ・パピルス』では，*m sn*（入る状態に）は少し強引にですが，文意から加法ではなく平方と解釈したほうがよさそうです．また「2 倍する」は *ḳb.k* 4（4 を倍化する）と *ik.k* 28 *sp* 2（28 × 2）の 二つの表記が用いられています．以上の点で言えば，数学用語はまだ定まっていなかったと言えます．

他に用例がなく文意からでしか判断できないものには次のものがあります．本文中の *stwty* という単語は「高さ」と訳しておくことにします．またヘル（*ḥr*）も「面の辺」と訳しておきます．「*y* 回する」という表現の *y* は整数のみならず分数でも使用されますが（『モスクワ・パピルス』問題 10 にも見える），回数には分数はなじまないので，この *sp y* という表現は乗法演算を表すと考えてもよいでしょう．古代エジプト語は「言語明瞭意味不明」と言われ，文脈によって様々な解釈ができるのです（あるいは解釈するより仕方がないのです）．

最後の文は，「見よ．56 がこれになる．汝が見つけたことは正しい」ですが，『モスクワ・パピルス』の大半はこのような文形で終わります．

「見よ．汝が見つけたことは正しい」の
ヒエログリフ表記
（右向きでゲム・エク・ネフェルと読む）

[*26] この文字は，通常は *εḳ* と音写されるが，『モスクワ・パピルス』では単独で使用され，*sn* あるいは *sni* と音写される．

[*27] 『リンド数学パピルス』II，102 頁．

これはエウクレイデス『原論』ラテン語訳の証明末尾に見られる *QED*（*quod erat demonstrandum* これが証明すべきことであった）に類似し，古代エジプト数学文献の文末の定型文です．おそらくここでは検算をしていたのではと考えられます．というのも，『モスクワ・パピルス』の幾つかの図形問題には文末に再び図形が描かれ，その周りで計算途中の数字が描かれているからです．するとこの計算は，検算として証明にも対応することになります [*28]．ここでも図形は少し曲がってはいますが，辺の長さの割合は問題文にほぼ沿って描かれています．図の周りには本文中で述べられた様々な計算過程が記述されています．

問題末尾に描かれた切頭錐体．内部の数字は 6 と 56．周りには本文中の計算が見える．（出典：Michel, *op.cit.*, p.397）

今日では体積という概念は当たり前のように理解できますが，今から 3500 年以上も前にその概念が把握され，議論されていたことは驚きです [*29]．

[*28] 『リンド・パピルス』における検算と証明については，『古代エジプトの数学問題集』参照．

[*29] 『モスクワ・パピルス』には他にも興味深い題材が含まれており，『古代エジプトの数学問題集』参照．

第9章

紀元前後のエジプト数学

過去からの数学を比較検討していくと，政情の混乱などのために資料が少なく，一体どのような数学が存在していたのか，よくわからない時代や地域に出会います．そのなかに古代エジプト王国末期からイスラーム成立直前の時代までの，エジプトをはじめ地中海東岸の数学があります．本章ではそれをとりあげます．

プトレマイオス朝（前 332~前 30）

古代エジプトはマケドニア王国のアレクサンドロス大王によって征服され（前 332），大王の死後プトレマイオス朝が成立し（前 305），ローマに滅ぼされる（前 30）までがヘレニズム時代です．この時代の征服者の言語は古代ギリシャ語で，それを用いてやがて高等数学が展開することになります．中心地のアレクサンドリアでは，エウクレイデス，アルキメデス，アポロニオスなどが活躍したとされますが，アルキメデスを除いてそれを示す直接の証拠はありません．しかも今日知られている彼等の作品はずっと後世の写本にしかすぎません．

確実に言えることは，この時代にデモティック（民衆文字）で書かれた古代エジプト数学があったということです．デモティックとは古代エジプト語の文字で，ヒエログリフを崩したヒエラティックをさらに崩した字体です[*1]．デモティックの数学パピルスに関しては次のパーカーの作品が基本文献です．

- Richard Parker, *Demotic Mathematical Papyri*, London, 1972.

ここではパーカーが取り上げている72問のうち,『カイロ・パピルス』にある2問を見ておくことにします[*2]．『カイロ・パピルス』は紀元前3世紀頃に書かれ，ヘルモポリス西のトゥーナ・アル＝ジャバルというところで出土したパピルスで，現在カイロ博物館に保管されています．かつての『リンド・パピルス』と同様様々な問題の寄せ集めで，40問から成り立っています．

最初に問題3を取り上げてみます[*3]．$100 \div 15\frac{2}{3}$と解釈できる問題です．問題文は欠損していますが,「$15\frac{2}{3}$を100に運べ」($15\frac{2}{3}$ *r* 100 *fr*) とあります．そしてそこに書かれている計算法は，まず$15\frac{2}{3}$を3倍して47を導き，これで100を割り，出てきた答を3倍するという方法です．そして最後に検算が行われます．古代エジプトではしばしば検算で解を確かめています．これは

*1　古代エジプト語では，中王国時代には『リンド・パピルス』などがヒエラティック字体で書かれていたが，プトレマイオス朝ではデモティック字体が用いられていた．

*2　詳細は次を参照. 拙稿「デモティック・パピルスの研究:『カイロ・パピルス』」,『数学史研究』235号（2020)，1–15頁.

*3　Parker, *op.cit.*, p. 15. 以下引用は本書から.

テクストが行政計算に用いられていたからでしょう．間違いは許されないからです[*4]．

さて解法自体は難しくありませんが，検算は容易ではありません．解は $6\frac{18}{47}$ なので，$6\frac{18}{47}\times 15\frac{2}{3}$ の計算をせねばなりません．そこでは次の図式が書かれています．加法記号はなく，数字を横に並べて書けば加法になります．

$$
\begin{array}{ll}
1 & 6\frac{18}{47} \\
10 & 63\frac{39}{47} \\
5 & 31\ \frac{1}{2}\ \frac{19\frac{1}{2}}{47} \\
15 & 95\ \frac{1}{2}\ \frac{11\frac{1}{2}}{47} \\
\frac{2}{3} & 4\frac{12}{47}
\end{array}
$$

この図式は，1倍なら $6\frac{18}{47}$ というようにして，10倍，5倍を右に次々と書いていく古代エジプト式の加法計算法です．乗法は加法を複数回行うことなので，古代エジプトでは乗法は加法で計算しました．$15\frac{2}{3}$ 倍にするには $\left(10+5+\frac{2}{3}\right)$ 倍すればいいのです．ところで上の表では今日の分数表記にしましたが，当時はこのような表記はありませんでした．ここで分子に $\frac{1}{2}$ が書かれていますが，$\frac{1}{2}$ は特殊な一つの数と見なされていたので，このように書いても問題ないのです．ここで $6\frac{18}{47}$ には分数の横

*4　エジプト数学における検算の意味は『古代エジプトの数学問題集』参照．

線はなく，上記引用の 1 行目は次のように書かれています．右から見ていき，47 は 40 + 7 で示されています [*5]．

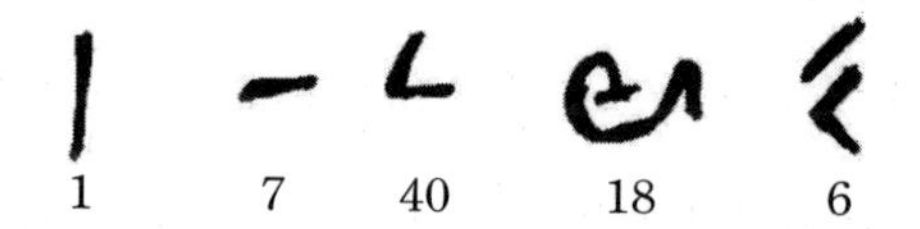

次は「壁に立てかけた棒問題」で，24~31 問まで 8 問あります．どれも欠損しており完全に解読できるものはありませんが，同系列の問題が続くので，相互に補うと概要は理解できます．問題を一般的に示すと次のようになります．

> 壁に立てかけた長さ d の棒（ケト）がある．棒の上端を壁からある距離 p だけ下にずらしていくと，棒の下端は壁から s 離れたところにくる．そのとき図のように直角三角形 h, s, d となる．s, d, p のうち二つが与えられたとき，残りの長さを求めよ．

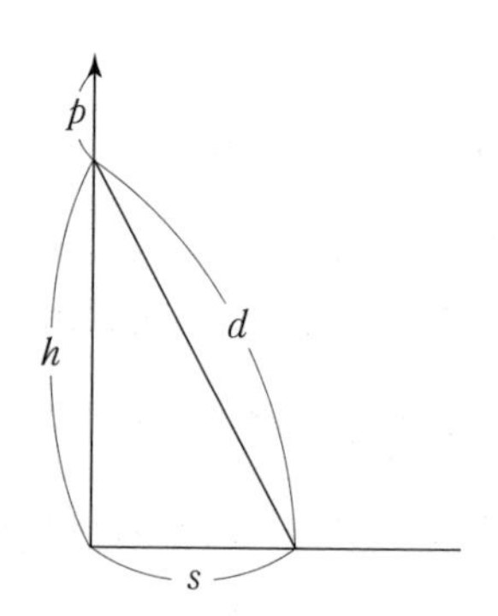

なおパピルスに図はなく，また単位はメフ（腕尺：52.5 センチ位）です．問題 24 は $d = 10$, $s = 6$ のときで，いわゆるピュタゴラスの定理を用いて $p = 2$ を求めています．

---

*5　Parker, *op.cit.*, Plate 1.

もう一つ，『カイロ・パピルス』問題56（大英博物館所蔵）を見ておきましょう．「2で35の部分を作れ」，つまり $\frac{2}{35}$ を単位分数に分解する問題で，『リンド・パピルス』の冒頭の表テクストにも同じ問題が見えます．ここでは $35=5\times7$, $\frac{1}{2}\times(5+7)=6$, $\frac{2}{35}=\frac{1}{35}\times\left(1\frac{1}{6}+\frac{5}{6}\right)=\frac{1}{30}+\frac{1}{42}$ と計算しています．『リンド・パピルス』ではここに見える6の由来の説明がなく，この『カイロ・パピルス』で計算法が明らかとなりました．

さてここで興味深い記述があります．パーカーの書物には最後にテクストの写真が付けられていますので，末尾の箇所を書き写しておきます[*6]．右から左向きに書き，$\frac{1}{6}$, $\frac{5}{6}$ に特別な記号が用いられていることに注意してください[*7]．

$\frac{1}{6}$	1	30
$\frac{5}{6}$		2 40

通常古代エジプトでは，$\frac{1}{2}, \frac{1}{3}, \frac{2}{3}, \frac{1}{4}, \frac{3}{4}$ には特殊な記号が用いられました．ここではさらにそれらに $\frac{1}{6}, \frac{5}{6}$ が加わっているのです[*8]．古代エジプトでは，いわゆる単位分数 $\frac{1}{n}$ は n の上に口

---

*6　Parker, *op.cit.*, Plate 20.

*7　ここでは $\frac{1}{30}$ などは単位分数ではなく普通の数字で書かれている．

*8　なお医学パピルスの『エーベルス・パピルス』英訳には $\frac{5}{6}$ が見えるが，テクスト原文では $\frac{1}{2}\,\frac{1}{3}$ と書かれている．cf. Cyril P. Bryan, *Ancient Egyptian Medicine: the Papyrus Ebers*, Chicago, 1930, p. 45.

型記号を置いて示されましたが，単独で記号を持つのは以上のみのようです．

ところでプトレマイオス朝のアレクサンドリアにおけるギリシャ高等数学と，以上のデモティック・パピルスの数学との関係ははっきりしていませんが，目的も書いた者も異なる別系統の数学と考えたほうがよいのではないでしょうか．

さて，プトレマイオス朝が終わると，エジプトはローマ帝国の属州となります．

ローマ帝国期（前30~395後）

この時代の文化の特徴はキリスト教の普及と，エジプトでのコプト教会の成立です．コプト教会では，古代エジプト語をギリシャ文字で表記したコプト語を用いていました．デモテック体などの古代エジプト語そのものは次第に使用されなくなっていきます．この時代の数学の状況はわかりにくく，ギリシャ語で書かれた『原論』の断片が残されていますのでそれを見ておきましょう．

『原論』の初期の断片に関して，古代ギリシャ数学史研究者のデイヴィド・ファウラー（1937~2004）の次の書物に言及があります．

- David Fowler, *The Mathematics of Plato's Academy: A New Reconstruction*, Oxford, 1987; 2nd. 1999 .

そこでは『原論』の断片に関して5点が取り上げられています[*9]．書かれた年代，出土地，書かれている『原論』の箇所などを示しておきます．エレファンティネー島出土の陶片以外はパピルスです．

[*9] Fowler, *op.cit.*, pp. 209–217.

前 275 – 250 頃	エレファンティネー島
	『原論』XIII – 10, 16
79 年	ヘルクラネウム
	『原論』I
1 世紀末 (?)	オクシュリュンコス
	『原論』II
2 世紀後半	ファイユーム
	『原論』I 命題 39 , 41
3 世紀頃	『ミシガン・パピルス』(出土地不明)
	『原論』I 定義 1~10

パピルスなどの出土地図

このうち知られている最古の『原論』テクスト断片は，エレファンティネー島 (アスワーンにある中州) 出土の陶片に含まれていますが，今日残されている『原論』の表現法とは異なります．これに関してファウラーは興味深いことを述べています．

> この難解な資料は，アレクサンドリアの南方 300 マイル以上も離れたところで，前 3 世紀に誰かがそれらを通して研究

したことの証左となる．テクストが陶片に書かれ，受け継がれてきた『原論』とは異なる記述であるという事実は，数学を理解しようという試みが存在していたこと，さらに資料を単に書き写したり学習したりしたのではなかったことを示唆している[*10].

エウクレイデスが活躍したのがアレクサンドリアとしますと，そこから東京－大阪間程離れたところで，しかも『原論』が書かれて間もなくそれが研究されたということは驚くべき事実ではないでしょうか[*11]．当時の情報伝達の速さと，エジプトではアレクサンドリア以外でも数学が研究（あるいは学習）されていたことがわかります．また時代は遡りますが，『リンド・パピルス』が出土したルクソールも，アレクサンドリアからエレファンティネー島ほどではないにしろ離れた所にあります．

ヘルクラネウム（ナポリ近郊）出土のパピルスは，79 年のヴェズーヴィオ火山の噴火で埋もれたものの中にありましたが，本来は前 100 年頃書かれたものです．出土品には 1800 枚の炭化したパピルスがあります．大半は解読不能で，しかもエピクロス派哲学についての文献ですが，数学史ではこの出土品は重要です．そのパピルスの中の一つに『原論』の断片があるからです．1752 年に発掘され，化学者でのちにロンドンの王立協会会長にも就任したハンフリー・デイビー（1778~1829）も，化学的手法を用いてパピルス解読に努めました．

カイロ南方のオクシュリュンコスでは，膨大な点数のパピルスが 1897 年に発見され，未だにその研究が続いています．そこに見られる『原論』II–5 の断片はよく知られ，Web 上にカ

---

*10　Fowler, *op.cit.*, p. 209.

*11　エウクレイデスの活躍したのは前 300 頃．エレファンティネー島出土品は前 275~前 250 頃．

ラーではっきりと見ることができます[*12]．それはテオンによる改訂版以前の原テクストから編集されたペイラール版『原論』(1814~1818) に見られる文章とほとんど変わりありません．

この時代に特徴的なのは『原論』だけではありません．『ミシガン・パピルス』には興味深い問題が含まれていますので，次にそれを見ておきましょう．

『ミシガン・パピルス』

このパピルスは，おそらく2世紀頃エジプトで書かれたと思われるギリシャ語テクストです．そのパピルスには算術問題が3問含まれています[*13]．そのうちの一問を，問題部分は省き，表の部分のみを取り出すと次のようになります．

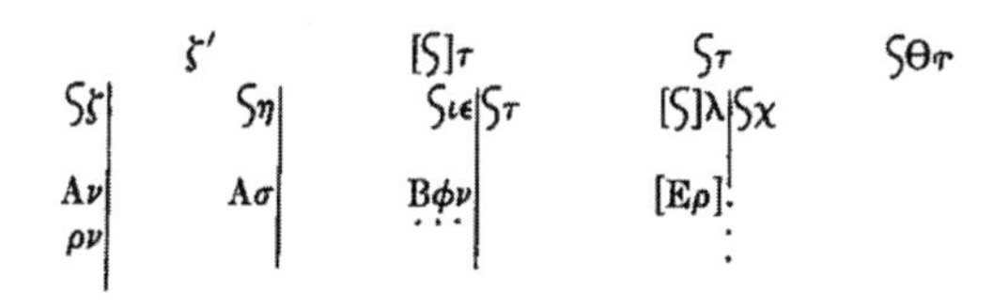

ここで ς（シグマに似た文字）は，ギリシャ数学史家ヒースによると，アリトモス（ἀριτμός 数）の語尾の文字を示し，現代の未知数記号 x に対応するというのです[*14]．するとこれを現代記号法で書くと次のようになります．

*12　ウキペディアの「エウクレイデス」の項目．

*13　Robbins, F. E., “P. Mich. 620: A Series of Arithmetical Problems,” *Classical Philology* 24 (1929), pp. 321–329. 以下の図版，引用，解釈はこの論文から．ミシガン大学に保管されているので『ミシガン・パピルス』と呼ばれるが，出土地は不明．

*14　ヒース『ギリシア数学史』第2巻，390頁．

$\frac{1}{7}$　　300〔x〕　　　　300　　9900 x

$7x$	$8x$	$15x$	$300x$　　30〔x〕	600
1050	1200	2550	〔5100〕	
150				

これは，現代的に解釈していくと，以下の a, b, c, d の 4 数を求めよという連立方程式の問題になるようです．

$$
\begin{cases}
a+b+c+d=9900 \\
b=\left(1+\dfrac{1}{7}\right)\times a \\
c=a+b+300 \\
d=a+b+c+300
\end{cases}
$$

そして $\frac{1}{7}\times a=x$ とおいて，求めていると思われます．表のなかには次の計算が見えます．

$$
\begin{cases}
a=7x \\
b=8x \\
c=15x+300 \\
d=30x+600
\end{cases}
$$

ς 以外に本文中（ここでは略）には記号 / が等号の意味で，μ がモナス（単位）の略号として使われています．これらの記号は当時の他のギリシャ語パピルスにも見え（ディオファントスの現存『算術』写本にも見える），紀元後のギリシャ語の数学では，省略記号が一部使われていたことがわかります．3 問とも表記形式が統一され，最初に問題が与えられ，次に解法が示され，最後はアポデイクシスという言葉で検算が行われています．

『アフミーム・パピルス』

ローマ帝国は395年東西に分裂し，エジプトは東ローマの支配下になります．この時期の地中海東半分の地域ではギリシャ語による学問がずっと続いていました．7世紀頃の数学で有名なのはギリシャ語による『アフミーム・パピルス』で[*15]，上エジプト（現在のカイロからアスワンあたり）の古代都市パノポリス（現アフミーム）で7世紀に書かれたものです．表テクストと50の問題から成り立っていますが，問題は必ずしも系統だって並んでいませんので，おそらくは様々な資料から寄せ集めたものでしょう．

表テクストは1から10000までの数を，一部は略していますが，$\frac{1}{3}, \frac{2}{3}, \frac{1}{4}, \frac{1}{5}, \cdots, \frac{1}{20}$ 倍した乗法表です．そこには $\frac{1}{2}$ はありません．たとえば，5を $\frac{1}{11}$ 倍したときは次のように書かれています[*16]．

$$\tau\hat{\omega}\nu \quad E \quad \gamma'\, \iota\alpha'\, \lambda\gamma'$$

これは「5の $\frac{1}{3}\ \frac{1}{11}\ \frac{1}{33}$」を示し，$\frac{5}{11}=\frac{1}{3}+\frac{1}{11}+\frac{1}{33}$ という分解です．数表記はギリシャ文字数字を使っていますので，プライム記号（右肩のアクセント記号）の付いた数は今でいう単位分数になります．

---

*15 Jules Baillet, "Le Papyrus mathématique d'Akhmîm", *Mémoires publiés. par les membres de la Mission Archéologique Française au Caire*, t. 9-1er fasc, 1892, pp.1–89. 以下の引用はこの論文から．なお日本語ではすでに次の書に写真付きでこのパピルスへの言及があるが，その後の数学史書ではほとんど言及されなくなった．ぼあいえー『數學史』（林鶴一訳），大倉書店，1916;1923（第4版），5–6頁．本書の原本は，Jacques Boyer, *Histoire des mathematiques*, Paris, 1900. 著者は科学ジャーナリスト．ただし本書は間違いも多く数学史書としては時代遅れとして評価は低い．

*16 Baillet, *op.cit.*, p. 28. ここでEは大文字で示されている．．

問題テクストの 1 番目は丸い容器の容積を求める問題で，円形の容器の図が付けられています．単語を補って訳すと次のようになります [*17]．

> 丸い容器があり，上部の周は 20，下部の周は 12 で，高さは $6\frac{1}{2}$ である．20 と 12 とは 32 となる．32 の $\frac{1}{2}$ は 16 となる．同様に，16 で 16 を掛けると 256 となる．同様に，$6\frac{1}{2}$ で 256 を掛けると 1664 になる．同様に，1664 を 36 で割ると，結果は $46\ \frac{1}{6}\ \frac{1}{18}$．

「同様に」（ホモイオース）という言葉が繰り返し現れますが，これはおそらく，「前の問題と同じように」，あるいは「先生と同じように」計算するという意味かもしれません．

上部の面の半径 a，下部の面の半径を b，高さを h とすると，ここでの計算は，今日の目から見れば誤りですが，次の式で表されます．

$$\left\{\frac{1}{2}(2\pi a+2\pi b)\right\}^2 h\times\frac{1}{36}=(a+b)^2 h\times\frac{\pi^2}{36}.$$

はじめに上部の面と下部の面の面積の平均をとっています．それを $2\pi r$ とし，平方すると $4\pi^2 r^2$ です．したがって高さ h を掛けると $4\pi^2 r^2 h$ となりますが，本来は $\pi r^2 h$ でなければなりません．したがって 4π で割ればよいことになります．古代末期にエジプトで用いられた π の値 3 を用いると，$4\times3=12$ で割ればよいのですが，ここでは間違って 36 で割っています．問題の

*17　Baillet, *op.cit.*, p. 63.

上部には稚拙な円が描かれ，その中には「腕[*18] $6\frac{1}{2}$」の文字が見え，かなり大きな容器であったことがわかります．

もう一つ，問題17を見ておきましょう．

ある人が金庫からその $\frac{1}{17}$ を取り，もう一人がその残りから $\frac{1}{19}$ を取ったら，残りは200となった．

この場合は，順に次の計算をし，正しい答えを得ています．

$$17 \times 19 = 323$$
$$323 - 19 = 304$$
$$304 \times \frac{1}{19} = 16$$
$$304 - 16 = 288$$
$$323 \times 200 = 64600$$
$$64600 \times \frac{1}{288} = 224\ \frac{1}{4}\ \frac{1}{18}$$

『アフミーム・パピルス』はそれより2000年以上も前の『リンド・パピルス』とさほど変わりない内容と形式を備えています．長期間内容に変化がないのは驚きですが，行政などの実用に用いる計算ではこの範囲の初等的内容で十分であったことがわかります．

エジプト数学，ギリシャ数学，そして…

以上，紀元前3世紀頃から紀元後7世紀頃までのエジプト近郊の数学を見てきましたが，古代ギリシャの高度な数学はそこ

*18　腕（ペークス）とは約45センチの長さ．

にはありません．他方で古くからの行政実用数学が継続して文明圏を超えて伝えられていたことがわかります．この数学についてさらに見ていきましょう．そこで用いられたのはいわゆる単位分数表記です．分数は分配などの表記には必須で，そのための乗法表や分解表がマニュアルにしばしば付けられたのです．この行政実用数学を見るには，さらに調べねばならないものがあります．

それはまずコプト数学です [*19]．コプト語で書かれた数学文献が多く存在したと思われますが，現存するのは僅かです．たとえば 10 世紀頃の計算マニュアルは，羊皮紙に書かれたパリンプセーストン（上書きされたテクスト）の下地に書かれたテクストで，表テクストと問題テクストから成立しています [*20]．したがって『リンド・パピルス』や『アフミーム・パピルス』と同じ部類に属します．その表テクストの表題は，ギリシャ語のマテーマ（数学）とアラビア語のクスール（分数）とに対応する単語がコプト語で表記されていますので，古代ギリシャとアラビアをつなぐ重要な文献です．そこではギリシャ語文字数字を用いた $n\times m$（$n=1,2,\cdots 7$; $m=10,100,\cdots,9000$）と，$n\times m$ （$n=1,2,\cdots 10$; $m=\frac{1}{2},\frac{2}{3},\frac{1}{3},\frac{1}{7},\frac{1}{4},\frac{1}{5},\frac{1}{6},\frac{1}{8},\frac{1}{9},\frac{1}{10},\frac{1}{12},\frac{1}{15},\frac{1}{16},\frac{1}{20},\frac{1}{24},\frac{1}{48}$）の乗法表が掲載されています．ここでよく見ると 7 が特別な数のようですが，その理由はわかりません．後者の表では，換算の関係で次々と単位分数の数値が選ばれたと考えられます．問題テクストは，土地の計測，容器や液体の容

*19　コプト数学についてはまだ十分な研究がなされていない．

*20　年代はより早い可能性もある．テクスト（BM. MS. Or. 5707）の一部は次に含まれる．J. Rescher, “A Coptic Calculation Manual “, *Bulletin de la Société d'archéologie copte* 13 (1951), pp. 137–160. および W. E. Crum, *Catalogue of the Coptic Manuscripts in the British Museum*, London, 1905, pp. 256–260.

量についての計算です．したがって掛算と，比例計算，そして単位分数分解が中心です．そこには理論的説明はなく，実際の具体的計算と換算法だけが記述されています．これはフワーリズミーよりも 1 世紀後のすでにアラビア数学展開の時代の作品であり，そこにはアラビア語の度量衡がコプト語で用いられています．イスラーム下の（おそらくは）エジプトのキリスト教の一派コプト教にも計算法は必要だったのです．

調べておかねばならないもう一点は，バビロニア数学との関係です．デモティック数学と古代バビロニア数学との類似性は次の作品で比較されています．

- Jöran Friberg, *Unexpected Links between Egyptian and Babylonian Mathematics*, New Jersey, 2005.

表題には「意外なつながり」と興味をそそる言葉が見えます．資料が少ないので類似点が偶然の一致なのか，それらに直接の影響関係があったのか，確実なことは言えませんが，具体例をあげて比較しています．今後文明圏を超えて複数の数学を比較検討していく必要があるでしょう．たとえば，本章で言及した「壁に立てかけられた棒問題」は古代バビロニア，インド，中国でも共通して見られ，形を変えてさまざまな問題が作られています．

第10章

失われた数学書

数学書が失われるということはどういうことでしょうか．近代以降は印刷され，しかも複数部数出版もされたのですから，それらが失われるということは殆どありません．しかし印刷術がない時代には手書きで筆写するしかなく，写されたのは少数部数で，失われてしまうこともしばしばでした．古代ギリシャの数学文献の大半はアレクサンドリアの図書館に集積されたと考えられますが，その破壊によって膨大な文献が消え去る運命にあったと想像できます．我々の古代ギリシャ数学の情報はごく僅かなのです．本章では，古代ギリシャ数学文献で失われたものは何か，ギリシャの記述からその一端を紹介しましょう．

古代ギリシャの数学史記述

数学史とはっきりと言える作品は近代までありませんが，著作のなかで数学の歴史に言及した作品は古代から知られています．

アレクサンドリアのパッポスは，古代ギリシャ後期に活躍した数理科学者ですが,「アレクサンドリアの」は後代に付けられたので，その地で活躍したかどうかは不明です．その主著『数学集成』全8巻のうち，2巻の一部と3~7巻がギリシャ語で現存してはいますが，各巻は別個に書かれ，後代に編纂されたと考えられています．内容は，紀元前3世紀前半のエウクレイデスから3世紀後半頃のニカイアのスポロスまでの成果を含み，独創的というよりは従来の資料をまとめあげたもので，歴史資料として極めて重要です．また今日では失われてしまった作品も要約紹介していますので，古代ギリシャ数学の内容を知る貴重な資料です．

スポロスはパッポスの同時代人と考えられます．パッポスも後述のエウトキオス (5世紀頃活躍) もスポロスに言及していますが，その生涯も作品も詳細は不明です．彼は円の計測と立体倍積問題というギリシャ数学では最もホットな問題にとりわけ関心があったとされるので，興味深い人物です *1．エウトキオスによると，スポロスは円の計測ではアルキメデスの近似値が曖昧だと批判したとのことです．

ところでこの『数学集成』は，少なくとも「機械学」を扱った第8巻のみはアラビアでは知られていましたが，他の巻は中世西洋ではまったく知られていなかったようです．最初のラテン語訳は1589年にようやく出版され，ルネサンス期西洋におけるギリシャ数学に関する重要な情報源となりました．デカルトはそのうちの第7巻に発想を得て研究を開始し，『幾何学』(1637) を著し，17世紀数学の展開に寄与しました．近代語全訳はフランス語訳のみが存在し，それも解説付きで2巻からなる大部なものです．

- *Pappus d'Alexandrie, La collection mathématique: œuvre traduite pour la première fois du grec en français, avec une*

*1 スポロスの立体倍積問題解法については次を参照．Wilbur Knorr, *Textual Studies in Ancient and Medieval Geometry*, Boston/Basel/Berlin, 1989, pp. 87–93.

introduction et des notes par Paul Ver Eecke, Paris, 1933; rep. 1982.

他に第 7, 8 巻の独訳，第 4, 7, 8 巻の英訳もあります [*2].

最初の数学史

失われた古代ギリシャ数学文献はことのほか多く，というよりも残されているのはごくわずかであるといったほうがよいでしょう．しかも長い年月をかけて何度も筆写されたなかで，内容の改変も少なからずあります．数学史でいえば，最初の数学史記述文献といってもよいエウデモス『幾何学史』が残されていないのは残念です．その一部はプロクロス『エウクレイデス「原論」第 1 巻注釈』に採用されていると考えられます．「エジプトの旅行に行ったタレスはこの学問〔= 幾何学〕を最初にギリシャに導入した」で始まる箇所からです [*3]．プロクロスはプラトン主義者でもあったので，その記述にはプラトンへの偏向，つまりアリストテレスとは異なり哲学における数学への偏愛が見られます．他方エウデモスはアリストテレスの弟子なので，両者の数学に関する思想的背景は異なると考えられますが，他方でプロクロスもエウデモスもアリストテレスの内容を熟知していたこともあります．というのも，エウデモスはアリストテレスの他の弟子とは異なり，数学にも十分通じていたようです．エウデモスはその他にも天文学史，算術史など数学的諸学の歴史を書いたとされますが，それらはすべてすでに失われました．プロクロス自身今日から見れば数理哲学者とも言え，ルネサンス期

[*2] 7 巻の英訳は，Alexander Jones, *Pappus of Alexandria Book 7 of the Collection*, 2 vols., New York, 1986.

[*3] Morrow, *op.cit.*, p. 52.

にその作品がラテン語に翻訳されたとき，当時の数学思想に大きな影響を与えました．彼はまたアリストテレス他の哲学者へしばしば言及していますが，英訳者モローも指摘しているように，不思議なことに，類似した思想内容をもつイアンブリコス『一般数学』には言及していません[*4]．なおエウデモスと同時代のアリストテレスのより正統的弟子には，他に植物学で著名なテオフラストスがいます．彼も数学的諸学（算術，幾何，天文，音楽）の歴史を書いたとする記述が残されていますが，これはおそらく史料の混乱で，古代において数学的諸学の歴史書を書いた人物はエウデモス以外にいないようです．

ともかく，プロクロスに記載されたエウデモスの残照はそのままでは受け取ることはできないでしょう．それはまた他の記述にも言えます．エウクレイデスについてプロクロスは次のように述べています．

> エウクレイデスはプラトンのまわりの数学者たちよりも後の人であるが，エラトステネスやアルキメデスよりも前の人である．…エウクレイデスはプラトン学派に属し，この哲学に精通し，こういうわけで彼は『原論』全体の目的をいわゆるプラトン立体の作図であると考えたのである[*5]．

エウクレイデスをプロクロス好みにプラトン主義と結びつけて

---

*4　*Ibid.*, pp. 344–345. イアンブリコス(245頃~325頃)はアパメイア(現シリア)で活躍した哲学者．『ピュタゴラス派思想集成』全10巻（1~5巻のみ現存）の第3巻が『一般（*κοινή*）数学』．イアンブリコスについては次を参照．イアンブリコス『ピタゴラス的生き方』(水地宗明訳)，京都大学出版会，2011．とくに307–309頁（訳者解説）．

*5　G. Morrow, *Proclus : A Commentary on the First Book of Euclid's Elements*, New Jersey, 1970, p. 57.

いますが，このことは歴史的には正しくはありません [*6].

プロクロス

プロクロスは古代ギリシャの新プラトン派哲学者で，エウクレイデス『原論』第 1 巻へ注釈を書きましたが，注釈とはいえそこには様々な人物の業績が登場し，古代ギリシャ数学史としては第一級の重要資料です．本来のギリシャ語テクストにはありませんが，後にバロッツィ (1537~1604) は，ラテン語訳 (1560) したとき章立てを加え，適切な題目をつけており，それを見ると概要が一目瞭然です．全体は，序章第 1 部は 15 章に，第 2 部は 11 章に分けられ，その後本編の注釈が続き，定義，要請・公理，命題についての注となります．

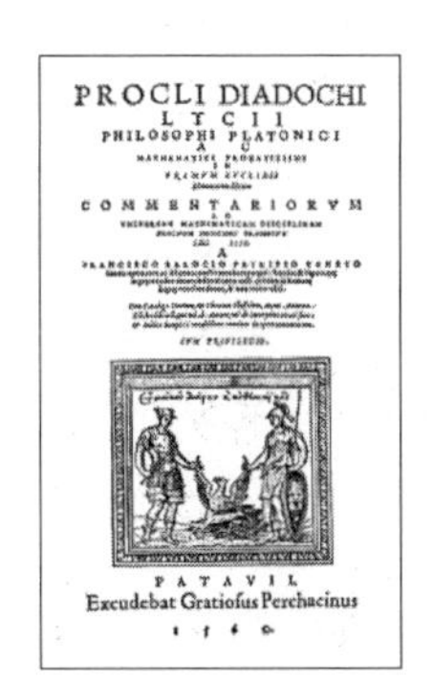
PROCLI DIADOCHI
LYCII
PHILOSOPHI PLATONICI
COMMENTARIORVM
A
PATAVII.
Excudebat Gratiosus Perchacinus

バロッツィによるプロクロス『エウクレイデス「原論」第 1 巻注釈』ラテン語訳表紙 (1560)

序章第 1 部は「数学的存在の中間的位置」から始まり，「数学蔑視者への返答」(9 章)，「数学者に必要な資質」(11 章)，「数学という名称の起源と意味」(15 章) などです．序章第 2 部は「幾何

*6　ここでは，メガラ派の哲学者エウクレイデス（前 4 世紀）と数理科学者エウクレイデス（前 3 世紀前半）との混同がある．

学は全数学の一分野であるのかどうか」から始まり，「エウクレイデスの数学的諸著作」(第 5 章)，「『原論』の目的」(第 6 章)，「『原論』における命題の配列法」(第 8 章) などがあります．なかでも第 4 章の「幾何学の起源と発達の歴史」はギリシャ数学史を扱ったもので興味深い箇所です．ここにエウデモス『幾何学史』が利用されているのです．

その箇所の一部は，重訳ですがファン・デル・ヴァールデン『数学の黎明』(村田全・佐藤勝次訳，みすず書房，1984，109 - 110 頁) で読むことができます．そこではタレスからエウクレイデスまでの言及があります．第 2 番目に登場する数学者マメルコスは，ピュタゴラス以前の人物ですが，詳細はもはや不明です [*7]．

アポロニオスの失われた作品

ギリシャで「偉大なる幾何学者」と呼ばれたのはペルゲのアポロニオスです (ペルゲは現在トルコ南西部にあり，古代ギリシャ語ではペルゲー)．数学的内容からいうと，このアポロニオスの作品の多くが失われたのはきわめて残念です．いまここで，古代ギリシャ 3 大数理科学者のギリシャ語テクスト現存状況概要をグラフで示しておきましょう．

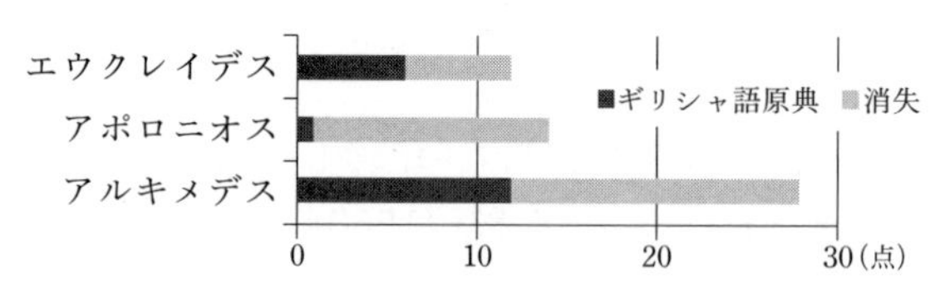

ギリシャ語テクスト現存状況

断片や 2 巻もの，さらには大作から小品まであり，グラフ上の点数は概要にすぎませんが，いかに多くの作品を書きながら

[*7] イタリア出身で，幾何学を研究し，ヒッピアスに影響を与えたとされる．Morrow, *op. cit.*, p. 52.

も，アポロニオスの作品が失われてしまったのかがわかります．エウクレイデスは『原論』が早い段階で評価され，他の作品も大方は受け継がれてきましたし，アルキメデスは専門論文が多く，それらはまとめて筆写されたことから，少なからずが保存される好機を得たのです．

アポロニオスの主著『円錐曲線論』8 巻は，今日第 1~4 巻がギリシャ語で残され，5~7 巻がアラビア語で残され，第 8 巻はまったく失われてしまいました．ハレー彗星で著名なイングランド人エドマンド・ハリは散逸した巻の重要性を認識していました．そして 50 歳を過ぎてから新たにアラビア語を学習し，アラビア語からラテン語に訳し，まだ知られていなかった 5~7 巻を西洋で紹介したのは有名です．さらに彼は失われた第 8 巻をわずかな情報から復元しました．これはハリの主観による復元でしかなく，オリジナルがそのようであったかの保証はありませんが，今日ではこのハリ版第 8 巻があたかもアポロニオスの作品であるかのように受け入れられています（本書第 2 章参照）．『円錐曲線論』の多くの巻は筆写されるなかで改変され，アポロニオスの本来のものとは異なるものになったと考えられ，本来の姿は不明のままなのです．

APOLLONII PERGÆI
CONICORUM
LIBER OCTAVUS RESTITUTUS:
SIVE
DE PROBLEMATIS DETERMINATIS DIVINATIO.

Halleius Aldrichio S.P.

PROPOSITIO I. PROBL.

ハリ『ペルゲのアポロニオス「円錐曲線論」第 8 巻復元』(1710) の第 1 ページ．冒頭にはハリに円錐曲線研究を薦めたヘンリー・オールドリッチへの感謝の言葉が述べられている

アポロニオスの他の作品も大半が失われています．今その作品名とそのテクストが現存するかどうかを記号で示しておきましょう．G はギリシャ語原典が現存する，P はパッポス『数学集成』のなかの「解析の宝庫」に要約紹介がある，A はアラビア語訳が存在するのを示しています．著作内容の詳細はヒースを御覧ください（T.L. ヒース『ギリシア数学史』II（平田・菊池・大沼訳），共立出版，1960，281－305 頁）．

アポロニオスの著作	G	P	A
円錐曲線論	○	○	○
比例切断	×	○	○
面積切断 2 巻	×	○	×
定量切断 2 巻	×	○	×
接触 2 巻	×	○	×
平面の軌跡 2 巻	×	○	×
ネウシス	×	○	×
12 面体と 20 面体の比較	×	×	×
一般論文	×	×	×
円柱螺旋（コクリアス）	×	×	×
不規則な無理量	×	×	×
燃焼鏡	×	×	×
速算法	×	×	×
速算法（本書第 11 章参照）	×	×	×

パッポス『数学集成』第 7 巻は，解析（アナリュシス）研究の指針となる作品を「解析の宝庫」として要約紹介しています．そこであげられている作品は，

アポロニオス　7 点
エウクレイデス　3 点
アリスタイオス　1 点
エラトステネス　1 点

ですので，ギリシャではアポロニオスの作品がいかに解析で重要であったかがわかります．ここでは意外にもアルキメデスの作品は一つも登場しないのです．なお，パッポスがあげたアポ

ロニオスの作品7点はすべてアラビア語訳されたと考えられますが，それらも大半はもはや現存しましません．ただし10世紀頃のアラビアにおけるギリシャ幾何学復興期には，シジュジー，クーヒーなどがそれらを使用した形跡が多々見られます．次にその中でも『ネウシス』をとりあげましょう．

『ネウシス』

ネウシスとは古代ギリシャ数学における重要な作図法で，パッポス，アルキメデス，ヘロンなども利用しています．しかしそれを主題的に取り扱った作品はアポロニオスのもの以外に知られていません．いまその方法を紹介しておきましょう．

ネウシス *νεῦσις* とは，「~に向かって傾ける」という動詞 *νεύειν* に由来し，傾斜という意味です．しかし適切な訳語はなく，ネウシスとギリシャ語のまま用いられ，ラテン語では傾斜（*inclinatio*）と呼ばれています．定規とコンパスでは解けない問題，たとえば角の三等分法や正7角形作図などで用いられています．パッポスが引用するアポロニオス『ネウシス』の説明を見ておきます．

> ある線が延長されある点に至るとき，その線はある点に向けて傾斜していると言われる．あるいは一般的に問題が述べるように，2本の線が位置において与えられ，与えられた点に向かって傾斜した，与えられた大きさをもつ線をそれらの間に作図することである．この線に関して様々な前提から構成されたものには，平面問題，立体問題，さらに曲線問題（*γραμμικά*）[*8] がある [*9]．

[*8] 本来は図形問題という意味．フェル・エークは *grammiques*（仏），ジョーンズは *curvilinear*（英）と訳し，ここでは後者を採用する．Jones, *op.cit.*, p. 113.

[*9] Jones, *op.cit.*, p. 112.

つまり一般的には，2 本の線 A と B（直線でも曲線でもいい），点 P，長さ S の線が与えられたとき，点 x と点 y とが与えられた 2 本の線上にあり，P も線分 xy 上あるいはその延長上にあり，xy の長さが S に等しくなるように，線分 xy を作図することです．

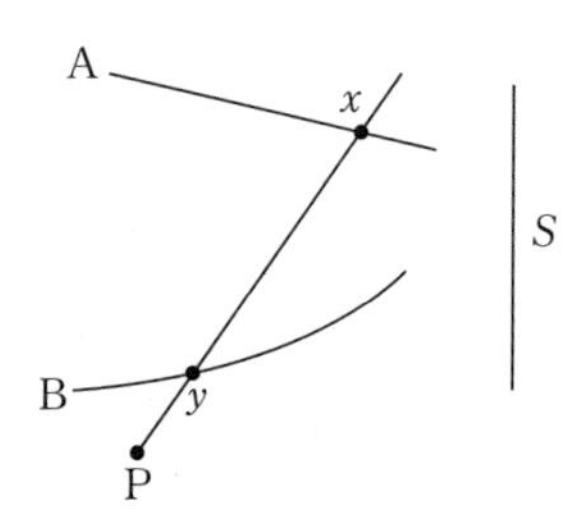

この場合，一般的には，線分 xy はコンパスと定規では作図できないが，その作図法をアポロニオスは『ネウシス』全 2 巻で論じ，全体で 125 命題と 38 の補題からなるとパッポスは述べています． なかでも第 2 巻は，以下の図のように 2 本の線がともに半円をなす自明ではない問題を論じています．のちのゲタルディッチ（1568~1626. ゲタルディとも呼ばれる）やサミュエル・ホースリ（1733~1806）による復元がありますが，それらは十分ではなく，むしろアラビア数学に残された跡から，ある程度は復元が可能と考えられます．

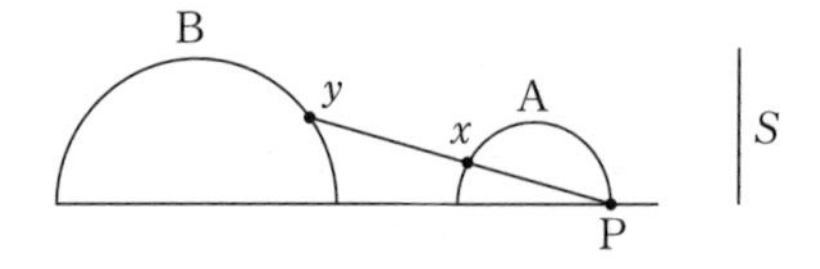

最も惜しまれる散佚作品は何か？

ギリシャ数学の失われた作品の中でも最も惜しまれるのはど

れでしょうか．それには様々な見解があるとは思いますが，エウクレイデス『ポリスマタ』はその最有力候補であることは間違いありません．数学史家モンテュクラは「エウクレイデスの全著作の中でもっとも奥が深く，もしそれが散佚を免れていたのなら，エウクレイデスにもっとも栄誉を与えることのできる作品」と述べ，また『原論』研究で有名なヒースも，この作品がエウクレイデスの最も重要な作品であると言うからです．

それは歴史的に重要というのではなく，数学的に重要という意味です．数学史上で重要ということであれば，もちろんエウクレイデス『原論』が筆頭であることは間違いありません．さらにおもてには現れにくい数学的方法や発想が記述されている作品であれば，古代・中世ですと，エウクレイデス『ポリスマタ』(散佚)，アポロニオス『ネウシス』(散佚)，アルキメデス『方法』，イブン・ハイサム『アナリュシスとシュンテシス』，イブラーヒーム・イブン・シナーン『アナリュシスとシュンテシス』などが重要でしょう．

さて話をもどすと，17世紀には少なからずの数学者が『ポリスマタ』復元を試みました．フェルマ，ニュートンなど錚々たる数学者で，それ以降も続きますが，誰一人復元に成功した者はいません．19世紀のフランスの大数学者シャールによる復元は有名です．射影幾何学の視点からの復元で，あまりに現代的すぎるのですが，今日『ポリスマタ』研究史では必ず登場する作品で，彼以降復元の試みはなくなり，研究自体も少なくなりました．

『ポリスマタ』復元

ポリスマタ (*πορίσματά*) はポリスマの複数形で，エウクレイデスの書名はこの複数形で呼ばれてきました．その復元の際に基本となる資料は，パッポス『数学集成』第7巻の「解析の宝庫」の箇所で，そこに『ポリスマタ』の一部が抜粋されているとみなされています.

パッポスによると,『ポリスマタ』は3巻から構成され，38の補助命題と171の定理を含むとされます．取り上げられているのは,『ポリスマタ』第1巻第1ポリスマ（証明なし)，第1巻の14の他のポリスマの概要，第2巻のポリスマの付加6点，第3巻のポリスマへの付加8点ですが，これらの記述はきわめて簡略化され，しかも記述が謎めいており，そこから本来の『ポリスマタ』の内容をうかがい知ることはきわめて困難です．ところがパッポスはその後『ポリスマタ』理解に役立つようにと，三角形，線の分割，円または半円を扱う補助命題40点を自ら考案し，証明を付けて紹介しています．そのうちの二つは,『ポリスマタ』第1巻と第2巻で述べられたポリスマへの補助命題であると書かれ，それらから本来の『ポリスマタ』のごく一部の内容がある程度は推定できるのです.

パッポス『数学集成』第7巻によると，古代人たちは，定理，問題，ポリスマを次のように定義したということです．この定義を見ただけでポリスマの重要性がわかります.

> 定理とは，与えられたものの証明のために与えられた命題であり，問題とは，与えられたものの作図のために提案された命題であり，ポリスマとは，与えられたものの発見（*πορισμὸν*）のために与えられた命題である [*10].

パッポスは『ポリスマタ』第1巻の命題について一つだけ具体的に言及しています．その記述だけではよくわかりませんので，数学史家マイケル・マホーニィ（1939~2008）による見事な現代的解釈を参考にして紹介しておきます [*11].

---

*10 Jones, *op.cit.*, p. 96.

*11 マホーニィ『歴史における数学』(佐々木力訳)，勁草書房，1982，p. 84.

もし与えられた 2 点 P, Q からの線 l_1, l_2 が，位置において与えられた線 t に向かって傾けられ，また位置において与えられた線 s から一つの線が切片をその上に与えられた点 R に関して，ある切片 a を切り取るなら，他の線 v もまた，位置において与えられたもう一つの線から，最初のものに対して与えられた比 $n\left(=\dfrac{a}{b}\right)$ をもつ切片 b を切り取るであろう．

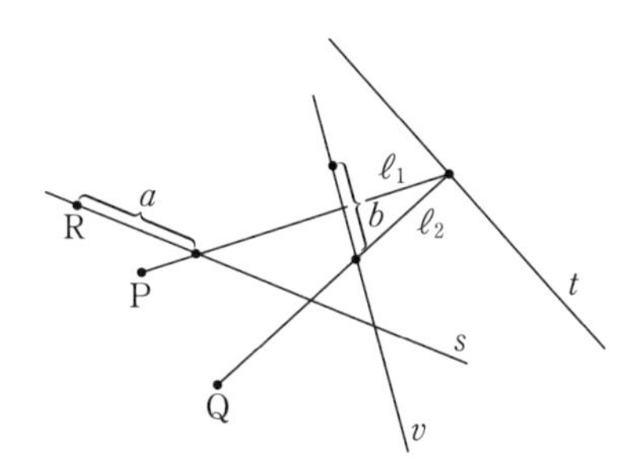

マホーニィによるポリスマタ解釈の図

こうして，命題が成立する線と点とを少なくとも一つ作図する事ができます．ここで条件を変えていけば，さらに無数の作図が得られることになります．こうして「仮定を欠いた軌跡の定理」というパッポスによるポリスマの定義がいくらか明らかとなりそうです [*12]．

---

*12　ポリスマは失われた作品で取り上げられているので，数学的内容が今ひとつはっきりしない．『ポリスマタ』復元に関しては，『エウクレイデス著作集』第 4 巻，東京大学出版会，近刊予定で詳細に紹介している．

第 11 章

アポロニオスの数表記法

今日古代ギリシャの碑文が現存し，そこには数値が記されていました．そのうちの一つでは「就任した 30 人の会計役に，神々に支払うべき金額を正確に把握させよ」(アッティカ　IG　I^{3} 52 A-8) と記され，紀元前 4 世紀頃のアテネでは計算師としての会計役 (ロギスタイ) がいたことがわかります．このロギスタイはアリストテレス『アテナイ人の国制』(第 54 章 2) にも見えます．彼らはヘロディアノス方式，アクロフォニック方式，アッティカ方式などとも呼ばれた古い形の記数法を用いたようです．それはギリシャ語数詞の頭文字から作られていました．たとえば 10 は *δέκα* (*ΔΕΚΑ*) なので，頭文字をとって *Δ* と表記するようにです．しかしやがてアルファベットを用いた文字数字による方法に代わっていきます．

アルキメデスの『円の計測』には *͵ϛτλς πρός ͵βιξ δ′* という単語が見えます．これは 6336： $2017\frac{1}{4}$，つまり円周率の 3.14090965 …を示しています [*1].

[*1] 右上の記号は単位分数, 左下の記号は千位を示す．*πρός* は「対」「向かって」の意味.

ギリシャでは位取り記数法ではなく数はアルファベットで表記したので（本書12章参照），計算は大変面倒でした．とりわけ大きな数の乗除法の場合，様々な工夫がなされていたようです．

ἡ γκ ρνγ	ΓΚ153			
ἐπὶ ρνγ	× 153			
$\overset{\alpha}{\mathrm{M}}$ ͵ε τ	10000	5000	300	
͵ε ͵βφ ρν	5000	2500	150	
τ ρν θ	300	150	9	
$\overset{\beta}{\mathrm{M}}$ ͵γ υ θ	20000	3000	400	9

エウトキオス『アルキメデス「円の計測」への注釈』に見える
153×153 の計算 *2 とその現代表記

アルキメデスは『砂粒を数える者』で大きな数の記数法を創案し，その仕方を詳しく述べています *3．このことはよく知られていますが，同様に大きな数の乗法計算の工夫を考えていたアポロニオスについてはあまり知られていないようです．本章ではそれを見ていくことにします．

*2　John Wallis, *Volumen tertium operum mathematicorum*, Oxford, 1699, c. 553. ここでは上位の位から計算している．M は万を示し，β（2 を示す）が上に付いた M（最下行）は 2×10000 を意味する．左下に点をつければ千位を意味する．2 行目の ἐπί は現代の × に対応する．

*3　田村松平『ギリシアの科学』，488–501 頁．

パッポス『数学集成』

まずテクストについて述べておくことにします．アルキメデスと比べ，アポロニオスのテクストはその大半が失われていることを本書第10章で述べました．アポロニオスには『速算法』(*'Ωκυτόκιον*) という作品があったと伝えられていますが，現存しません．この作品はエウトキオスがアルキメデス『円の計測』への注釈でのみ言及している作品で，円周と直径との比をアルキメデス以上に正確に計算したものであるとされています*4．ところがその作品と関係があるかもしれない作品が，パッポス『数学集成』で紹介されています (次節参照) *5．

パッポスは，3世紀末から4世紀にかけてアレクサンドリアで活躍した数学者と考えられていますが，詳細は不明です．主著は『数学集成』です．それは本来全8巻でしたが，第1巻すべてと第2巻の半分以上が失われました．機械学に関する第8巻はアラビア語訳断片がありますが，現存するギリシャ語版とは異なります．最古のギリシャ語写本はヴァチカンにある写本番号 Vaticanus.gr 218 (ff.3r–202v) で，10世紀頃羊皮紙に書かれたものということです*6．数学史家ウングルによると，13世紀西洋では，ウィテロが『視学』に『数学集成』第6巻の42~44命題を用いているので，その友人のドミニコ会学僧でギリシャ語学者ムールベクのウィレム (1220/35頃~1286以前) が『数学集成』をギリシャ語からラテン語に訳したと考えられるとのことで

---

*4　Charles Mugler, *Archimède*, IV, Paris, 1972, p. 162.

*5　関係があると主張するのはハイベアの説．J. L. Heiberg, *Apollonii Pergaei conicoruum libri octo*, II, Leipzig, 1983, c. 124.

*6　この写本はヴァチカン図書館のウェブサイト (Digivatlib) で見ることができる．また A. P. Treweek, "Pappus of Alexandria, The Manuscript Tradition of the *Collectio Mathematica*", *Scriptorium* 11 (1957), pp. 195–233 も参照.

すが，このラテン語訳は失われています[*7].

テクストは現代ラテン語訳付きのフルチュのものがあります．しかし，必ずしも現存すべての写本（約 40 点ある）にもとづいて編纂されたテクストではなく，また図版が省かれていることもあるので，『数学集成』の完全なギリシャ語編集本はいまのところまだないといえます．フランス語訳はフェル・エークのものが正確で，脚註も詳しく，参考になります．

- Friedrich Hultsch (ed.tr.), *Pappi Alexandrini collectionis quae supersunt*, vol.I-III, Berlin, 1875-1878.
- Paul Ver Eecke, *Pappus d'Alexandrie : La collection mathématique avec une introduction et des notes*, 2 tomes, Paris, 1933.

さて『数学集成』の内容を見ておきましょう．

Ⅰ　（消失）
Ⅱ　（後半部）大きな数の計算
Ⅲ　幾何学問題
Ⅳ　曲線
Ⅴ　立体
Ⅵ　天文学
Ⅶ　解析の宝庫
Ⅷ　様々な問題と機械学

以上を見てわかるように雑多な内容で，本来一つのまとまった著作であったのかどうかも疑問です．著作名は付けられてい

[*7] Sabetai Unguru, "A Very Early Acquaintance with Apollonius of Perga's Treatise on Conic Sections in the Latin West", *Centaurus* 20 (1976), pp. 112-128.

なかったので，後代になって個別の論考をまとめて集成としたのでしょう [*8].

今日の数学史では『数学集成』の第 7 巻がとりわけ注目されています．ギリシャ数学で重要な概念であるアナリュシス（解析）に関連する古代の様々な作品が取り上げられているからです．そのうちのいくつかの作品は今日すでに失われており，その意味でパッポスのこの箇所はそれらの内容を紹介した貴重なギリシャ数学史資料なのです．

さて今回取り上げるのは『数学集成』の第 2 巻です．

『数学集成』第 2 巻

第 2 巻はそのうち 14~26 命題が現存し，それらは大きな数の乗法計算について論じたと思われるアポロニオス作品（散佚）の紹介と注釈です．『数学集成』第 2 巻の失われている前半部分も同様な内容と思われ，そこにはおそらく元のアポロニオスの作品名が書かれていたことでしょう．

ところで，ルネサンス期にコンマンディーノは『数学集成』をラテン語に訳し出版しました (1589) が，そこにはこの第 2 巻は含まれていません．第 2 巻を最初に刊行したのはウォリスでした (1688) [*9]．彼は第 2 巻のみのテクストを編集し，自らラテン語に訳し，さらに注釈や結びの言葉もつけています．これは第 2 巻に関しては唯一の研究書と言ってもよく，『数学集成』の現代の編集者フルチュもこれを利用しています．

[*8] 「集成」(*συναγωγή*) という単語は第 3 巻の表題に見える．なおこの第 3 巻冒頭に，古代ギリシャの女性数学者パンドロシオン（詳細は不明）の名が見える．

[*9] 拙稿「最初の代数学史の著者ウォリス」，『現代数学』51（5），2018, 70–76 頁参照.

- John Wallis, *Pappi Alexandrini secondi libri mathematicae collectionis fragmentum hactenus desideratum* (1688), in Wallis, *op. cit.*, cc. 595-614.

パッポスは，古代ギリシャの様々な作品を『数学集成』のいたるところで取り上げていますが，第2巻全体はアポロニオスのこの作品にあてられているので，この作品を特別に高く評価していたことがわかります．パッポスが一書を費やして論じている作品には，今日アラビア語訳でしか現存しない『エウクレイデス「原論」第10巻注釈』がありますが，それに劣らず重要な作品ということになります．大きな数の計算が古代ギリシャではいかに面倒なものであったかを物語るようですが，アポロニオスのこの作品はパッポス以外では言及されていないので，その後に影響はなかったと思われます．

では命題の叙述部分だけを意訳しておきます*10.

[14] 100よりも小さく10で割ることのできる数を取れ．そしてそれらを掛けることなく，それらからなる立体数*11を示さねばならない．

[15] また，1000よりも小さく100で割ることができるBの数列からなる数があるとせよ．それらの数を掛けることなく，それらからなる立体数を示さねばならない．

*10 テクストには命題番号は書かれておらず，また以下では数詞はすべてアラビア数字にしておく．仏訳は命題26を命題25に含め全体を25としている．ウォリスでは，命題番号が一つずれており，14から25までとしている．

*11 立体数（στερεόν）とは，ここでは複数の数の積を意味する．

[16] 2 数 A と B とがあり，A はたとえば 500 [*12] のように，1000 よりも小さく 100 で割ることができ，他方 B はたとえば 40 のように 100 よりも小さく 10 で割ることができるとせよ．それらを掛けることなく，それらからなる数を示さねばならない．

[17] 100 よりも小さく 10 で割ることができる A の数列と，1000 よりも小さく 100 で割ることができる B の数列があるとせよ．それらを掛けることなく，A と B からなる立体数を示さねばならない．

[18] A は 100 よりも小さく 10 で割ることのできる数とせよ．また B，Γ，Δ，E のように 10 よりも小さい他の数があるとし，A，B，Γ，Δ，E からなる立体数を示さねばならない．

[19] 100 よりも小さく 10 で割ることのできる 2 数 A，B があるとし，各々の Γ，Δ，E が 10 よりも小さいとすると，これらの数からなる立体数を示さねばならない．

[20] 各々が 100 よりも小さく 10 で割ることのできる 3 数 A，B，Γがあるとせよ．Δ，E，Z の各々は 10 より小さく，H，Θ，K は A，B，Γの基本数〔$n\times10^m$ のときの n〕とせよ．H，Θ，K，Δ，E，Z から出てくる立体数を取り，それを Ξ とせよ．A，B，Γ，Δ，E，Z からなる立体数は Ξ の 1000 倍に等しいことを私は言う．

[21] 3 個よりも多い個数の数 A，B，Γ，Δ，E があるとし，その各々が 100 よりも小さく 10 で割ることのできるとし，Z，H，Θの各々は 10 よりも小さいとせよ[*13]．

---

*12　数のあとにはモナス（*μονάς* 単位）という単語が付けられているが，ここでは略す．

*13　この命題は，記述が雑なので後代の付加とされている．Ver Eecke, *op.cit.*, p. 10.

［22］A が 1000 よりも小さく 100 で割ることのできる数とし，B, Γ, Δ は 10 よりも小さいとせよ．A, B, Γ, Δ からなる立体数を示さねばならない．

［23］たとえばAが200, Bが300, Γ が2, Δ が3, Eが4であるとする．これらの数からなる立体数は 144 の 1 乗の万[*14]となるであろう．なぜなら A, B の累乗は 4 によってただ1回割られ，基本数 Z, H と数 Γ，Δ，E との積は 144 となるからである[*15]．

［24］数 A，B の各々が 100 よりも小さく 10 で割ることができるとせよ．Γ，Δ, E の各々は 10 よりも小さいとせよ．これらの数からなる立体数を示さねばならない．

［25］2 個あるいはそれ以上の個数の数 AB を，各々が 1000 よりも小さく 100 で割ることのできるとせよ．そして各々が 100 よりも小さく 10 も割ることのできる他の数を Γ，Δ，E とせよ．最後に各々が 10 よりも小さい Z，H，Θ 数があるとせよ．A，B, ⋯，Γ，Δ，E, ⋯，Z，H，Θからなる立体数を示さねばならない．

［26］前命題が考察されたので，与えられた詩〔が示す数〕が如何に掛けられ，第一の文字が示す第一の数が第二の文字が示す第二の数と如何に掛けられ，この得られた数が今度は第三の文字が示す第三の数で如何に掛けられるかを明らかにする．そしてそれはアポロニオスがもともと以下のように与えていた詩に至るまで同様に続く，「九人の乙女よ．アルテミス

---

*14　*μυριὰς ἁπλοις*. アポロニオスは「1 乗の万」「2 乗の万」「3 乗の万」という言い方をし，それぞれ 10000^1, 10000^2, 10000^3 を意味する．ここでは 144×10000 を示す．

*15　$A=2\times10^2$, $B=3\times10^2$ より，$(2+2)\div4=1$. $(2\times3)\times(2\times3\times4)=144$. よって 144×10000^1.

の素晴らしき力を讃美せよ」[16]（ただし，彼は「注意を喚起せよ」のかわりに「讃美せよ」と述べた）．

以上の問題は，10，20，… 90，100，200，… 900 という複数の数の積を，係数と指数の計算で求め，それをいかに表記するかを考察しています．こうして命題の最後は「~からなる立体数を表記しなければならない」と結ばれているのです．ギリシャのアルファベット記数法は，基本的には1から999までを示すことができるので，900までという理由は，1000以上の数は元にもどって表記されるからでしょう．たとえば，αは1，ωは900ですが，また元に戻って1000は左下に点を付けて ͵α，2000は͵β となるからです．

アポロニオスはアルキメデスと同様に，10を基準にして1から10^nまでの数を分けていますが，アルキメデスが8桁を基準にしたのに対して，アポロニオスは4桁つまり千を基準にしています．位取り記数法をもたなかったギリシャでは計算はとても煩瑣であったので，ここでのアポロニオスのような簡便な方法が模索されたのです．

命題 17

では命題17を例に具体的に詳しく見てみましょう．この命題は典型的問題なので頻出し，古代ギリシャ数学史家クオモによる英訳もあります[17]．

---

*16　この詩の出典は不明．

*17　Serafina Cuomo, *Pappus of Alexandria and the Mathematics of Late Antiquity*, Cambridge, 2000, pp. 181–182.

ある個数の数があるとせよ．各々は100よりも小さく10で割ることができるAの列と，1000よりも小さく100で割ることができるBの列とである．それらを掛けることなく，AとBの列からなる立体数を表記しなければならない．

Aの列の基本数をHの数1，2，3，4とし，Bの〔列の〕基本数をΘの数，つまり2，3，4，5とする．基本数の立体数を取り，それをEとすると，それは2880〔$(1\times2\times3\times4)\times(2\times3\times4\times5)$〕となる．Aの列の累乗とBの列の累乗の二倍を加え，4で割る〔$(4+4\times2)\div4=3$. これをZとしている〕．すると，AとBの列のすべてからなる立体数は，Eの中にある単位と同じ個数Zによって名付けられる〔累乗数の〕万の数からなる．すなわち2880の3乗の万〔$2880\times(10^4)^3$〕であるということをアポロニオスは示した．

しかしAの累乗数が，Bの累乗数の倍で増やされ，4で割られると，まず1が余ることがある．そのとき，AとBの累乗数からなる立体数は，Eの10倍をなす，Zによって名付けられた万をもつということをアポロニオスは示した．

他方，4で割ると余り2をもつときは，AとBとから出てきた立体数は，Eの100倍のZの数の万をもつ．

最後に3が余るときは，これらからなる立体数は，Eの数の1000倍のZと同じだけの万をもつ．

Ἔστωσαν γὰρ πυθμένες τῶν μὲν ἐφ' ὧν τὰ Α, οἱ
ἐφ' ὧν τὰ Η, μονάδες α καὶ β καὶ γ καὶ δ·
τῶν δὲ ἐφ' ὧν τὰ Β, οἱ ἐφ' ὧν τὰ Θ, μονάδες β
καὶ γ καὶ δ καὶ ε· καὶ ληφθέντος τοῦ ἐκ τῶν πυθμέ-
νων στερεοῦ τῶν [α] β γ δ, β γ δ ε, τουτ-
έστι τοῦ Ε, [b] μονάδες ὄντος βωπ· τὸ πλῆθος
τῶν ἐφ' ὧν τὰ Α, [c] προσλαβὸν τὸ [d] διπλάσιον
τοῦ πλήθους τῶν ἐφ' ὧν τὰ Β, μετρείσθω, πρότε-
ρον, ὑπὸ τετράδος· κατὰ τὸ Ζ, μετρεῖ δὲ αὐτούς.

命題 17（ウォリスでは命題 18）の第 2 段落（Wallis, *op.cit.*, c. 599）．今日のギリシャ語フォントと少し異なる．5 行目の括弧内は写本にはない言葉をウォリスが補ったもの．数はアルファベットの上に 棒を引いて示されている

さて以上の説明をしておきます．A は 10, 20, 30, 40 の列で，その基本数（$\pi\upsilon\theta\mu\acute{\eta}\nu$）H は 1, 2, 3, 4．B は 200, 300, 400, 500 の列で，その基本数Θは 2, 3, 4, 5 です．つまり基本数とは 10 の累乗数に掛けられた係数となります．10 進位取り記数法では明らかですが，ギリシャ文字数字ではそうでもありません．今 H×Θ＝E，つまり $(1\times2\times3\times4)\times(2\times3\times4\times5)=2880$ を考えます．次に，

(A の累乗数) × (B の累乗数)
$= (10\times10\times10\times10)\times(100\times100\times100\times100)$
$= 10^{4+8} = 10^{12}$

を計算します．ここで基準となる万（ギリシャ語でミュリオイ）にするため，$10^{12}=10000^3$ とします．それは 12 を 4 で割ることです（$10000 = 10^4$ より）．こうして答が 2880×10000^3 となることをアポロニオスは示したのです．

その後，4 で割り切れない指数の場合を，余りの数（n=1,2,3）で場合分けしています．すなわち，$A\times B = 10000^z\times(E\times10^n)$．なおここでは訳しませんでしたが，この命題の冒頭には，「定理

18について」という語句があります．他にも命題18には「定理19について」と書かれています．これらが言及するのは，失われたアポロニオスの作品に見える定理のようです．

また命題の末尾には，図形（*γράμμα*）を用いた証明について次のように言及されています．「図形による手順はアポロニオスによって証明されたことから明らかである」(命題16),「アポロニオスは証明した」(命題17),「このことはアポロニオスによって図形で証明されている」(命題18),「図形による証明はアポロニオスの証明の中に見いだせる」(命題19),「図形による証明は『原論』によって明らかである」(命題21と22),「証明はアポロニオスのようになされる」(命題23)．おそらく文章による説明ではわかりにくかったのか，パッポスは図形を用いて幾何学的に目に見える形で示しているようです*18．したがって，本来のアポロニオスの作品でも，『原論』に見られるような論述型式と線分を用いた証明法がなされていたと考えられます．わかりやすく示すためには，他にも可能性として省略記号を用いる方法もありえたかもしれませんが，現存写本を見るかぎり，アポロニオスは省略記号を採用してはいません．

さて第26命題には奇妙な詩が見えます．次にそれを見ておきましょう．

「九人の乙女よ．アルテミスの素晴らしき力を讃美せよ」

アルテミスとはギリシャ神話の狩猟の女神で，この詩の原文はウォリスのテクストによると以下のようになります．

---

*18　これは写本 Vaticanus gr. 218, 3r–7v に見える．ただしフルチュとウォリスのテクストには線による証明の図は掲載されていない．

Ἀρτέμιδος d κλεῖτε κράτος ἔξοχον ἐν-
νέα κοῦραι.

Wallis, *op.cit.*, c. 607 より.
ウォリスは文中の d で注釈を指示している

ギリシャ語アルファベットには数値が対応しているので，この詩を構成する38個の文字は次の数値をもちます.

- 1000より小さく100で割り切れる数（10個）：100, 300, 200, 300, 100, 300, 200, 600, 400, 100.
- 100より小さく10で割り切れる数（17個）：40, 10, 70, 20, 30, 10, 20, 70, 60, 70, 70, 50, 50, 50, 20, 70, 10.
- 10より小さい数（11個）：1, 5, 4, 5, 5, 1, 5, 5, 5, 1, 1.

前と同様にして，以上の数値をすべて掛けて万単位で示すと，

$$196 \times 10000^{13} + 368 \times 10000^{12} + 4800 \times 10000^{11}$$

となります．それを次のよう述べています.

> したがって，最初の詩「九人の乙女よ．アルテミスの素晴らしき力を讃美せよ」は，196の13乗の万〔10000^{13}〕と368の12乗の万と4800の11乗の万となると言える．これはアポロニオスがその書の冒頭でその方法にしたがって述べたことと一致する.

以上の詩はアポロニオスの作品から引かれたものですが，ここでパッポスは，さらに加えて次の詩を数値計算しています．「謳え．女神よ．美しき果実の運搬人デーメーテールの激怒を」．デーメーテールはギリシャ神話に登場する豊穣の女神です.

Μῆνιν ἄειδε θεὰ Δημήτερος ἀγλαοκάρπου.

Wallis, *op.cit.*, c.609 より *19

これも計算で

$$218 \times 10000^9 + 4944 \times 10000^8 + 256 \times 10000^7$$

と求めています．

乗法計算の場合，今日でいう 10 の累乗の係数だけの計算と，累乗の計算とを分けて計算しているのですが，位取り記数法がなかったのでかなり複雑な計算になっています．

アルキメデスは『砂粒を数える者』で突拍子もない問題，すなわちこの全宇宙に詰めた砂粒はいくつかを提起し，それに解を与えるため巨大な数を表記する方法を創案しました．アポロニオスも同様で，「九人の乙女よ．アルテミスの素晴らしき力を讃美せよ」などの詩をもち出し，その文を構成するアルファベットを数値と捉え，それらを掛け合わせてその大きな数を計算し表記する方法を述べています．両者ともに大きな数を表記するための工夫が必要なほど，古代ギリシャ世界には適切な記号法が欠けていたのです．いずれにせよ，二人が数学遊戯のような仮想問題を通してその方法を示したことは興味深いことです．

*19　これがホメロス『イリアス』の冒頭をもじった一句であることを鈴木孝典氏から教示いただいた．

第12章

『ギリシャ詞華集』

古代ギリシャ数学は多彩ですが，数学史ではほとんど取り上げられることはない作品があります．それは『ギリシャ詞華集』のなかの「算術問題集」というもので，以前から大変気になっていた作品です．大変喜ばしいことに，それが近年ギリシャ語から日本語に翻訳されました．本章ではその翻訳を利用しながらこの作品を巡って話を進めていきましょう．

『ギリシャ詞華集』のなかの「算術問題集」

『ギリシャ詞華集』とは，前7世紀から後10世紀までのエピグラム4500点を集大成したものです．エピグラムとは，定義しづらいものですが，「機知・風刺に富んだ短い文や詩．警句．寸鉄詩」(『デジタル大辞泉』) で，読まれたり歌われたりする詩ではなく，書かれた短詩です．

今回この4500点を全訳した偉業は次のものです．

- 『ギリシア詞華集』全4巻 (沓掛良彦訳)，京都大学学術出版会, 2015~2017 *1.

このうち「算術問題集」は『ギリシャ詞華集』第 14 巻にあり, 和訳では第 4 巻 175~282 頁を占めています. この箇所は正式には「算術問題集, 謎々, 神託など」で, エピグラム 150 点を含むのですが, 必ずしも算術問題だけではありません. 訳者の沓掛良彦氏は,「異常な忍耐力の持ち主でないかぎり, 算術の問題集までを含む全 4500 篇近くを読むこと自体が, 耐えがたい」と述べておられますが, そうでもなく, 数学文化史から見れば大変興味深い作品です. それは, エピグラムを通じて当時の日常生活が垣間見られるだけではなく, どのような問題が議論されたのか, 古代数学問題は文化圏を通じてどのように伝承されたのか, 計算法はどのようなものであったのかを具体的に知ることができるからです.

ここでは次の英訳と仏訳も参考にします.

- W.R. Paton (ed.tr.), *The Greek Anthology*, vol. 5, The Loeb classical library 86, Cambridge, 1918; rep. 1960.
- P. Waltz (ed.), *Anthologie palatine*, t.12, Paris, 1970.

算術問題は 1~4, 6, 7, 11~13, 48~51, 116~147 の番号のもので, そのうちいくつかは, それ以前の次の作者の作品からの転載と考えられています.

ソクラテス (1, 2, 3, 4, 6, 7, 11~13, 48~51)
メトロドロス (116~146)

ここでソクラテスは有名な哲学者のソクラテスではなく, 不詳のエピグラム作家です. またメトロドロスもビザンツの文法

*1 なお, 翻訳書は『ギリシア詞華集』だが, ここでは『ギリシャ詞華集』と呼んでおく.

家・算術家・天文学者と考えられますが，単にペンネームかもしれず，この人物も不詳です.

問題内容は様々ですが，冶金における金属配合問題（49,50），遺産分割計算（11,123,128），水槽問題（7,130~135），お金のやり取り（145,146）などが特徴的です．これらはその後の多くの算術問題に登場する題材です．本来問題には解はなく，後代の注釈家がそれを付け加えました[*2]．解は代数を用いればいとも簡単に導けますが，もちろん当時代数は用いられていませんし，また用いられる数はすべてギリシャ語の数詞です.

この詞華集はプラヌデス（1260頃~1305頃）が編集し注釈を加えたので，かつて『プラヌデス詞華集』と呼ばれていました．プラヌデスはビザンツの文法学者，修辞学者ですが，またディオファントス『算術』第1，2巻に注釈し，さらに『インド式計算法』の作品をギリシャ語で書き残したので，ビザンツ時代の代表的数学者と言えます（本書第13章参照）．17世紀になると，ドイツのプファルツ選帝侯の図書館で詞華集の古写本が発見されたので，プファルツのラテン語名にちなみ『パラティヌス詞華集』と呼ばれることもあります.

ソクラテスの問題

第1問は，ソクラテス（念を押しますが，哲学者のソクラテスではありません）が提出した問題です．まずポリュクラテスが，「おんみの館でいかほどの者らが，立派に知を競っているかを」答えてくれと問いかけます．それに対してピュタゴラスが次のように答えています.

---

*2 バシェの編集した『アレクサンドリアのディオファントス「算術」』（1621）の第5巻問題33の後に，「算術問題」の一部がラテン語訳付きで，しかも解をつけて掲載されている．Bachet, Claude-Gaspard, *Diophanti Alexandrini Arithmeticorum libri sex*, Paris, 1621; P.Tannery (ed.), *op.cit.*, II, cc. 349–370.

> …半数の者たちはうるわしい数学[*3]の勉強をしております．四分の一の者たちは不死なる本性の研究に励んでおります．七分の一の者たちは全き沈黙と，内心の不滅の言葉に専念しております．それに女性が三人，なかでもとりわけすぐれているのがテアノ．私が導いているピエリアの女神らの声の伝え手はこれだけでございます[*4].

解答は書かれていませんが，$\frac{1}{2}+\frac{1}{4}+\frac{1}{7}=\frac{25}{28}$となり，残りの$\frac{3}{28}$が女性3人なので，全体は28人となります．こうして数学者14人，医者7人，哲学者4人，女性3人となります．

算術問題ではありませんが，英訳の第16巻エピグラム325~330には，興味深いことに，ピュタゴラス，哲学者のソクラテス，プラトン，アリストテレスの像が見えますのでここにそのうちの二人を収録しておきましょう．

ピュタゴラス（左）とプラトン（右）[*5]

[*3] 「うるわしい数学」（*καλὰ μαθήματα*）は英訳（Paton, *op.cit.*, p. 27）では文芸（belles letttres）と訳されている．

[*4] 『ギリシア詞華集』4（沓掛良彦訳），180–181頁．テアノ（テアーノ）はトロイアのアテーナーの女司祭で，ピエリア（ピーエリデス）はムーサの称呼（高津春繁『ギリシア・ローマ神話辞典』，岩波書店，1960による）．

[*5] Paton, *op.cit.*, p. 353, 355.

ところで19世紀末にタンヌリが編集した『ディオファントス全集』には，『ギリシャ詞華集』の抜粋および注釈である「詞華集写本の算術のエピグラムへのパラティヌスの注釈」が見えます[*6]．そこでは，先の問題の最後の6行の欄外に次のようなギリシャ語文字数字（以下の図では一番左側）が記載されています．したがって注釈の時代には，本文では「七分の一」などという数詞が書かれていたものの，実際の計算ではこういった文字数字を使っていたことがわかります．さらに問題3以降では，欄外ではなく本文中にこれら文字数字が使用されています．

$L'\ \overline{\iota\delta}$	1/2	14
$\delta'\ \bar{\zeta}$	1/4	7
$\zeta'\ \bar{\delta}$	1/7	4
$\lambda o\iota^{\pi.}\ \bar{\gamma}$	残り	3
·/·/. $\overline{\kappa\eta}$		28

欄外の数字[*7]

なおギリシャの文字数字は次の形が普通です．

1-9	$\bar{\alpha}, \bar{\beta}, \bar{\gamma}, \bar{\delta}, \bar{\epsilon}, \bar{\varsigma}, \bar{\zeta}, \bar{\eta}, \bar{\theta}$;
10-90	$\bar{\iota}, \bar{\kappa}, \bar{\lambda}, \bar{\mu}, \bar{\nu}, \bar{\xi}, \bar{o}, \bar{\pi}$, ϙ̄;
100-900	$\bar{\rho}, \bar{\sigma}, \bar{\tau}, \bar{\upsilon}, \bar{\phi}, \bar{\chi}, \bar{\psi}, \bar{\omega}$, ϡ̄;
1000-9000	͵ᾱ, ͵β̄, ͵γ̄, ͵δ̄, ͵ε̄, ͵ς̄, ͵ζ̄, ͵η̄, ͵θ̄;

ギリシャ文字数字[*8]．文字の上に横線を付ける

[*6] Tannery, I, *op.cit.*, cc. 43-72. タンヌリによると，書かれたのはビザンツ時代以前．

[*7] Tannery, II, *op.cit.*, c. 43. 4行目左はλοιπός（残り）の省略形．5番目左の略語はここだけに見られ，意味は不明．

[*8] Th.L.Heath, *A History of Greek Mathematics*, Vol.1, New York, 1981, p. 37.

バシェの抜粋注釈（Bachet, *op.cit.*）には，エウクレイデス『原論』第7巻命題19（$a{:}b=c{:}d \Leftrightarrow ad=bc$）と命題39（最小公倍数）への言及が見られ，それらを用いて分数計算が行われています．実は算術問題の大半はこのような分数計算問題なのです．このことはつまり，当時分数計算がとても煩瑣であったことを物語ります．

ギリシャにおける分数

古代ギリシャでは，分数表記に相当するものには必ずしも定まった形式があるわけではありませんが，ここではその内で最も一般的な形式を述べておきます．

古代ギリシャでは古代エジプトと同じように単位分数表記が用いられました．単位分数はギリシャ語文字数字にプライム記号を付けたものです．たとえ $\dfrac{1}{9}$ は θ' です（なお左下に付けると千位つまり9000を示す）．しかし混乱も生じます．たとえば $\iota\theta'$ は10と $\dfrac{1}{9}$ なのか，$\dfrac{1}{19}$ なのかという問題で，結局文脈でしかその数値は判断できないようです．あまり正統的ではない方法ではありますが，ダブルプライム記号を付ける方法もあったようです [*9]．たとえばディオファントスもその方式を用いることがありますが，編集者タンヌリはそれを『ディオファントス全集』では χ に変えています．つまり $\dfrac{1}{11}$ を $\iota\alpha^{\chi}$ としています [*10]．

ところでこのプライム記号の起源は明らかではありませんが，古代エジプトのヒエラティック（神官文字）では数字の上に点を付けて表したので，単位分数の使用と同様にエジプトからの影

---

*9　Heath, *op.cit.*, p. 42.　ただし本書の簡約版の和訳は「すこしばかり正統な方法」と誤訳しているので注意.

*10　Tanney, I, *op.cit.*, c. 121.

響もあるかもしれません．たとえば $\frac{1}{11}$ は次のようになります．なおエジプト表記は左向きです．

ヒエログリフ	[illegible]
ヒエラティック	[illegible]
ギリシャ	ια′

さて 二つの特殊な分数 (1/2, 2/3) には，古代エジプトと同じように特別な記号が用いられました．今これらの使用法を比較しておきますと次のようになります．

	1/2	2/3
ヒエラティック	[illegible]	[illegible]
コプト語 (900 年頃) [*11]	[illegible]	[illegible]
Archimedes (Mugler) [*12]	L′	L′ς′
Diophantus (11 世紀 MSS) [*13]	C′	[illegible]
Diophantus (Heath) [*14]	L′	ω′
Diophantus (Tannery) [*15]	L′	ω
Diophantus (Bachet) [*16]	ἥμισυς	$\bar{\beta}^{\hat{\gamma}}$

*11 J. Drescher, “A Coptic Calculation Manual”, *Bulletin de la Société d'archéologie copte* 13 (1948–1949), pp. 137–160.

*12 Ch. Mugler (ed.), *Archimède : commentaires d'Eutocius et fragments* (Collection des Universités de France : Archimède, t.4), Paris, 1972.

*13 Martritensis 4678, ff. 119-265 から模写.

*14 Heath, *Diophantus of Alexandria: A Study in the History of Greek Algebra*, Cambridge, 1910.

*15 Tannery, I, *op.cit.*.

*16 Bachet, *op.cit.*. バシェは写本 Parisinus 2379 (16 世紀) に基づく.

以上から，様々な使い方がされていたことがわかります．コプト語とアルキメデスの $\frac{2}{3}$ は $\frac{1}{2}+\frac{1}{6}$ で示され，バシェの $\frac{1}{2}$ は ἥμισυς（半分）という単語です．ギリシャの $\frac{1}{2}$ はエジプトのヒエラティックに形が似ているので，由来はそこかもしれません．

古代ギリシャでは，原則「数は単位からなる多」(エウクレイデス『原論』第 7 巻定義 2) ですから，数とは 2 以上の整数です．しかし，実際にはヘロンやディオファントスなどは，表記には苦労したようですが，分数を当然のことながら数として計算に用いています．その後今日の分母・分子概念が生まれたと考えられます (ただしそれらを示す単語はありません)．その際，分数には原則的に 3 つの記数法がありました．たとえば $\frac{19}{23}$ は次のように表記されます．

1. 今日とは逆で，分母を上に分子を下に書く方法で，真ん中の横線は書きません [*17]．

$$\begin{matrix}\kappa\gamma \\ \iota\theta\end{matrix}$$

2. 分子は右肩に 一つのプライム記号，分母はダブル・プライム記号を付けたものを 2 度書く方法．

$$\iota\theta'\kappa\gamma''\kappa\gamma''$$

3. 分母を分子の右肩に書く方法．

$$\iota\theta^{\kappa\gamma}$$

[*17] 分数の横棒は，アラビアのハッサール（12 世紀）が最初に使用したと考えられる．『フィボナッチ』，79–80 頁参照．

様々な問題

遺産相続に関連する数学問題は，ローマ，アラビア，中世ラテン，インドなどの文化圏で見受けられます（ただし頻繁に登場するのはアラビア数学においてです）．「算術問題集」では 3 問存在し，そのうちの一つを取り上げておきましょう．

そこでは父親が残した 5 タラントの遺産を兄弟が分割するのですが，兄が不正をしたという話です（14 巻エピグラム 128）[*18]．弟は兄の $\frac{7}{11}$ の $\frac{1}{5}$ しか貰わなかったというのです．

答えは書いていませんが，兄の取り分を x としますと，$\frac{1}{5}\times\frac{7}{11}\times x+x=5$．よって $\frac{62}{55}x=5$ から $x=\frac{275}{62}$．つまり 4 と $\frac{27}{62}$ となります．この問題は本来メトロドロスの問題で，通常メトロドロスの他の問題では半端な数は出てこないので，仏訳では，$\frac{1}{5}$ ではなく $\frac{1}{7}$ の間違いとして計算しています[*19]．すると x は 4 と $\frac{7}{12}$ となりますが，アテネの度量衡換算 60 ミナ ＝1 タラントを用いると，$4\frac{7}{12}$ タラントは 4 タラン 35 ミナとなり，答えには分数はでてきません．

次のエピグラム 146 はとても簡単です．

甲「ぼくに二ムナ[*20] くれ．そうすれば君の二倍の重さになるんだ」．

---

*18 『ギリシャ詞華集』4（沓掛訳），266 頁．

*19 Waltz, *op.cit.*, pp. 196–197.

*20 1 ムナは時代により変動するが，古アッティカ式では 600g 位．重量はまた貨幣を示すこともあるので，ここでは貨幣を意味するのかもしれない．

乙「僕にも同じだけくれよ．そうすれば君の四倍になる」．

二つの未知数を用いれば簡単です．バシェの注では[21]，甲$=N+2$とおいています．すると乙は$4N-2$となります．よって$N+2+2=2(4N-2-2)$から，$N=\dfrac{12}{7}$となり，(甲，乙)$=$$\left(3\dfrac{5}{7}, 4\dfrac{6}{7}\right)$となります．エピグラム145も同じ形の問題です．この種の「互いに与え合う問題」は，インド，中国，アラビア，中世西洋など多くの文明圏で見られます．

ディオファントスの生涯

ところで，この『ギリシャ詞華集』は馴染みがないわけではありません．というのも，そのうちの一つのエピグラムはどこかでお目にかかったのではないでしょうか．それは次です．

> この墓に眠るはディオファントス[22]．ああ，なんという大きな驚きだ，墓は彼の生きた期間を数学的[23]に告げているではないか．
>
> 神は彼の生涯の六分の一を少年として過ごさせたまい，加えてその一二分の一を頬にうっすらと髭が生える齢となさった．
>
> 七分の一を過ぎた歳に婚礼の灯をともしてやり，結婚から五年目に子供を授けられた．
>
> ああ，遅く生まれた哀れな子よ，冷酷な運命が父親の半

[21] Bachet, *op.cit.*, c. 367.

[22] 翻訳ではディオファンテス．タンヌリのテクストではディオファントス．Tannery, *op.cit.*, II, c. 60.

[23] テクストは *έκ τέχνης* なので，「巧妙に」という意味くらい．

分の齢で命を奪った.

悲しみを癒そうとして，父は四年の間数[24]に没頭し，

命が果てるの待ち受けたのだった(エピグラム126)[25].

この問題の後に付けられたバシェの注によると，「その $\frac{1}{6}$, $\frac{1}{12}$, $\frac{1}{7}$, $\frac{1}{2}$ を同時に取ると5と4，つまり9となる与えられた数が問われる．与えられた規則によるとそれは84である[26]」.

ここでバシェのいう規則とは意訳すると次で，これはおそらく古代に知られていた規則です.

まず分母の最小公倍数を取り，与えられた分数それぞれをそれに掛け，それらの和を取る．次に最小公倍数からその和を引く．問題で与えられた残りをその差で割る．その商を最小公倍数に掛けると答が出てくる[27].

つまりここでは，$\frac{1}{6}$, $\frac{1}{12}$, $\frac{1}{7}$, $\frac{1}{2}$ の最小公倍数84を見出し，そこから $\left(\frac{1}{6}+\frac{1}{12}+\frac{1}{7}+\frac{1}{2}\right)\times 84=75$ を引くと9．問題の残りの数である5と4とを加えると9となる．$9\div 9$ は1なので，$1\times 84=84$ となり，これが求める数というのです．するとディオファントスの生きた年齢は84歳，結婚したのは33歳，38歳で息子が生まれ，その子はディオファントスが80歳のとき42歳でなくなったことになります．また21歳のときに髭が生えてき

---

*24 テクストは *πόσου σοφίη* なので，「大きさの知識」という意味.

*25 杏掛訳，前掲書，264–265頁.

*26 Bachet, *op.cit.*, c. 359.

*27 Ibid.

た，すなわち成年になったことも意味します（少し遅い気がします）．しかし以上の状況はたしかにありえることで，この記述から，ギリシャの数学者ディオファントスは84歳まで生きたという話が史実として数学史書に登場するのです．

では，この人物が謎の多いディオファントスなのでしょうか．しかしそれを示す証拠は何もありません．ディオファントスという名前で数学に没頭したのですから，有名なディオファントスである可能性がないわけではありません．しかしディオファントスという名前の人物は他にも古代にいたし，それらの人物が数学に没頭したこともあり得ます．また問題にディオファントスを登場させて問題内容を面白くしたのかもしれません．『ディオファントス全集』を編集したタンヌリも，この話が著名なディオファントスを示す確証はまったくないと述べており [*28]，彼のその主張は正しいと思われます．

算術謎掛け問題

『ギリシャ詞華集』の他の箇所には，算術問題というわけではありませんが面白い記述もしばしば見られます．

> 肛門と黄金は表わす数字がおんなじだ．たまたま数えていてそのことに気がついた（12巻エピグラム6）[*29]．

これは肛門（*πρωκτός*）と黄金（*χρυσός*）とがギリシャ語文字数字でともに1570の値を示すからで，謎々かけ問題です．また次

---

*28　Tannery, *op.cit.*, II, cc. 60–61. 他方ギリシャ数学史家のヒースは，「親しい友人によって死後間もなく書かれた」として，このエピグラムを史実とみなしている．Heath, *Diophantus*, p. 3.

*29　『ギリシャ詞華集』（沓掛訳），11頁．

のようなものもあります．

> わたしは地に着く動物の体の一部です．わたしから一字を取り去ると頭の一部となり，もう一字を取り去ると動物となり，さらにもう一字を取り去ると，わたしはいなくなるだけではなく，二〇〇となります（14 巻エピグラム 105）[*30]．

ここではこのわたしとは何でしょうか．テクストには記述されていませんが，答えは足（$\pi o\acute{\upsilon}\varsigma$）です．一字取ると耳（$o\tilde{\upsilon}\varsigma$）となり，また一字取ると豚（$\tilde{\upsilon}\varsigma$）となり，さらに一字取ると 200 を示すシグマ ς (σ) が残るからです．

以上他愛のない問題で気休めとなるでしょう．ここからギリシャ人たちが日頃から数に馴染みのあったことがわかるような気がします．このような気休めとしての算術問題は古来各地でしばしば登場しています．たとえば 19 世紀の少女向きの本（*The Girls' Own Book*, New York, 1835）には，次のような問題が見えます．

- いかにして，19 から 1 をとって 20 にできるか？
  答：XIX → XX
- 7 が 12 の半分であることを，いかに示せるか？
  答：XII → VII

*30 『ギリシャ詞華集』（沓掛訳），247 頁．

The Girls' Own Book, 1835 表紙

ところでバシェには『楽しく面白い数の問題』(1621) という数学遊戯問題のフランス語による古典的作品があり，19 世紀になっても広く読まれ続けました．他言語に翻訳されなかったのは不思議です．これも『ギリシャ詞華集』の「算術問題」と同じ部類に入る作品です．すると，

『ギリシャ詞華集』→ プラヌデス → バシェ

という西洋における気休めとしての算術問題の流れが見えてきます．そしてそこにはディオファントスの名前が登場し，その数学の影響の一面を示してくれるのかもしれません．

第 13 章

ビザンツ数学史研究の諸問題

古代ギリシャの著名な数学者アルキメデスやエウクレイデスによる作品は，今日でもよく知られ，研究されて続けています．しかしながら，彼らの作品の現物は存在しません．残されているのは，古いものでも彼らが活躍してからおおよそ 1000 年以上も経過した後に書き写された写本なのです．それに対し，エジプト数学やバビロニア数学は古代に書かれた現物が残されているので，それらの数学に関してはともかくも確かなことが言えるのです．

ところでギリシャ数学は，紀元前 300~200 年頃アレクサンドリアで絶頂期を迎えます．ではそれはその後どのように推移していったのでしょうか．そのあたりのことは大変複雑で，また「数学的」にはあまり興味深いものでないのか，今まであまり詳しくは述べられることはありませんでした．今回はこの問題を取り上げてみましょう．

古代ギリシャ数学絶頂期以降

絶頂期以降のギリシャ数学のゆくえは，ギリシャ数学をどのように定義するかにも関わります．古代ギリシャ数学を「ギリシャ語で書かれた数学」と定義するならば，ギリシャ数学は，言語的に変容があるとはいえ（古代ギリシャ語と中世ギリシャ語とは幾分異なる），少なくとも15世紀頃まで続くことになりそうです．ギリシャ人修道士で枢機卿ベッサリオン（1403~1472）などが数学作品も含むギリシャ語写本を，崩壊しつつあるビザンツ帝国からイタリアにもたらしたルネサンス期頃までです．またギリシャ語で書かれた地域も，小アジア地域はもちろん，エジプトやイタリアにまで及びます．するとラテン語による西洋中世数学の時代と領域とに重なってきます．

さて古代ギリシャ数学絶頂期から500年頃までの歴史を振り返ってみましょう．絶頂期を過ぎたとは言え，3世紀頃はまだギリシャ数学は衰えてはいません．はっきりした時代は不明ですが，次のような数学者がギリシャ語を用いて作品を残しています．

3世紀中頃
　ディオファントス（『算術』など）

4世紀前半
　パッポス（『数学集成』など）
　セレノス[*1]（『円柱の切断』『円錐の切断面』）

4世紀後半
　テオン（プトレマイオス『アルマゲスト』への注釈，
　エウクレイデス『原論』校訂版）

---

*1　セレノスは古代エジプトの都市アンティヌプリス出身．

彼らはおそらくアレクサンドリアを中心に活躍していたと思われます．テオンはアレクサンドリアの図書館長・数理科学者でしたが，その娘ヒュパティアはまた女性数学として名を残しています．殺害による彼女の死をもって，アレクサンドリアにおける数学は見るべきものがほぼなくなっていきます．

1908 年に描かれた西洋人風に理想化された
ヒュパティアの肖像

しかしアテネのほうではまだ少しは数学研究の残照がありました．『算術入門必携』を残したシリアのラリッサ（現シャイザール）出身のドムニノス（420 頃~480 頃）や，エウクレイデス『デドメナ』へ注釈したマリノス（440 頃活躍）などがいます．しかしなんといっても重要なのは，アルキメデスやアポロニオスへ注釈を加えたアスカロン（現イスラエルのアシュケロン）のエウトキオスです．

ビザンツ数学とは

古代ローマ帝国は，その西方の一部が異民族に支配されてしまいます．この領域は西ローマ帝国，他方大半の東方の領域は東ローマ帝国と言うこともあります．後者はローマ帝国そのもので，実際当時その地はルーム（アラビア語でローマを指す）と呼ばれていました．またこの帝国の首都がかつてビュザンティオンと呼ばれていたので，今日この帝国は歴史学ではビザンツ帝国と呼ばれることもあります．ビュザンティオンはドイツ語ではビザンツ（ビュツァンツ），英語ではビサンティン，フランス語ではビザーンス，ラテン語ではビザンティウムとも呼ばれています．以下では，簡潔なビザンツを採用し，その数学を「ビザンツ数学」と呼ぶことにします．つまりビザンツ帝国におけるギリシャ語の数学がビザンツ数学です．

ビザンツ数学の始まりは，皇帝コンスタンティヌス 1 世が古代ギリシャの植民都市ビュザンティオンに新都市を建設した 330 年なのか（皇帝にちなみこの都市は後にラテン語でコンスタンティノポリスと命名された [*2]），あるいは皇帝ユスティニアヌス 1 世がアテナイのアカデメイアを閉鎖し，学問の中心地がアテネからコンスタンティノポリスに移った 529 年か，どちらにするか議論があるところです．ここではアテネで活躍したプロクロス（412 頃~485）の時代以降のおおよそ 500 年頃としておきます．すると数学で言えば，エウトキオス以降，15 世紀頃までの 1000 年間ということになります．ビザンツ数学はギリシャ語によるものですから，数字はギリシャ文字に数値を与えた文字数字が用いられました．現存最古のテクストの一つは，分数計算を述べた『アフミーム・パピルス』です．

ここで，ビザンツ数学に関する参考文献を幾つかあげておきます．

- H.Hunger, *Die hochsprachliche profane Literatur der Byzantiner*. 2 Bde., XII. 5, *Handbuch der Altertumswissenschaft*, München, 1978, S. 221-261. ビザンツ数学についての文献では最も詳

[*2] 古代ギリシャ語ではコーンスタンティヌポリス．現在のイスタンブル．

しいが，数学内容については触れられていません．

- P. M. Fraser, *Ptolemaic Alexandria*, vol. 1, Oxford, 1972, pp. 376-446. プトレマイオス朝アレクサンドリアについての詳細な文明史3冊（全体で2000頁を超える）に所収．第2巻は詳細な文献学的注釈にあてられている．
- Paul Tannery, *Sciences exactes chez les byzantins : 1884-1919* (*Mémoires scientifiques* IV), Toulouse/Paris, 1920. ビザンツの精密科学に関するタンヌリの論文15篇を集めた論文集．ラブダス，モスコプロス，魔方陣などのテクスト，仏語訳，解説などを含み，ビザンツ数学に関しては最も詳しい文献．
- Thomas Heath, *A History of Greek Mathematics* II, Oxford, 1921, pp. 518-555.

この上記最後のヒースは，「注釈者たちとビザンツ」という項目（pp. 518-555）で，次の数学者とテクストについて述べています．（＊印は，ヒース『ギリシア数学史』II，平田寛・菊池・大沼訳，共立出版，420-427頁に掲載の人物）[*3]

＊セレノス
＊アレクサンドリアのテオン
＊ヒュパティア
　イアンブリコス
＊ポルフェリオス
　プロクロス
　マリノス
＊ドムニノス

[*3] ヒース『ギリシア数学史』は，Thomas Heath, *A Manual of Greek Mathematics*, Oxford, 1931の訳で，そこには，セレノスの前に，他にクレオメデスとスミュルナのテオンが含まれている．

＊シンプリキオス
＊ エウトキオス
＊ アンテミオス
『アフミーム・パピルス』
スプセロス
パキュメレ
スプラヌデス
モスコプロス
ラブダス
ペディアシモス
バルラアム
アルギオス

以上のなかで幾人かを取り上げておきましょう．まず，コンスタンティノポリスの聖ソフィア寺院の建築に関わったトラッレス（現トルコのアイドゥン）のアンテミオス（500年頃）です．先のエウトキオスはこのアンテミオスにアポロニオス『円錐曲線論』注釈を献上しました．今日彼を有名にしているのは楕円の作図法です．楕円はそれまで円錐の切断面で定義されていましたが，アンテミオスは「庭師の方法」（焦点に糸を張って，張ったまま楕円を描く）と呼ばれる今日よく知られている作図法を説明したとされています．

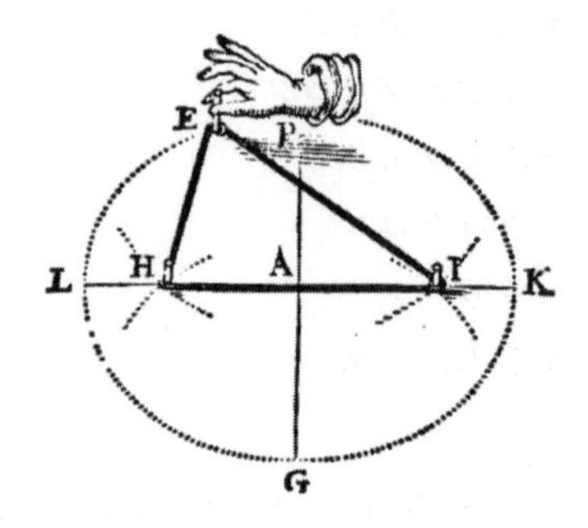

「庭師の方法」で描く楕円.
出典：Van Schooten, *De organica conicarum sectionum*, 1646 , p. 31 より.

またアンテミオスの友人ミレトスのイシドロス（6 世紀前半）は，エウクレイデス『原論』に第15巻を付け加えたとされています．また彼はアルキメデスやエウトキオスの作品を校訂したとも伝えられています．

ビザンツ時代には数学のみを研究した学者は少なく，多くは哲学者や聖職者でした．ビザンツ科学では，とりわけ天文学が暦計算で重要ですから，天文学の文脈の中で計算法が扱われることもあります．したがってビザンツの狭義の意味（今日的意味）での「数学者」は少ないと言えます．それでも有名なのは，9 世紀のレオン（790 頃~869 以降）です [*4]．彼はコンスタンティノポリスのマグナウラ宮殿に設立された学校の学頭（863 年以降）として，自身は数学テクストを書き残したかどうかは不明ですが，古代ギリシャ数学の筆写を数多く行い，その保存に貢献しました．

筆写という作業

ビザンツ数学の最大の特徴は，古代ギリシャ数学の筆写，校訂や編集，さらに注釈という作業です．いまここで今日に至る初期の写本 の年代を示しておきましょう [*5]．

エウクレイデス『原論』には100 点強の写本が現存します．最古の写本は，テオン版ではオックスフォードにある写本（d'Orville 301）で 888 年に筆写されたもの，非テオン版ではヴァチカンにある 9 世紀の写本（Vat.gr. 190）です．『原論』はエウクレイデ

[*4] レオンについては次を参照．松下昌弘「中期ビザンツ時代における数学者レオンについて」，『数学史研究』150（1996），3-12 頁．なおヒースやタンヌリはレオンについては詳しくは述べていない．

[*5] Fabio Acerbi, “Byzantine Recensions of Greek Mathematical and Astronomical Texts: A Survey”, *Estudios bizantinos* 4 (2016), pp. 133–213.

ス以降にテオンが改訂し，それを今日ではテオン版と呼んでいます．テオンの手が入っていない非テオン版がよりオリジナルに近いテクストということになります．

アルキメデスの写本は，7 点以上の作品とエウトキオスの注釈も含むフィレンツェにある写本（Laurentianus 28, 4）で，1500 年頃のものです．

アポロニオス『円錐曲線論』は，エウトキオスによる 1~4 巻の注釈付きの作品で，12 世紀後半の写本（Vat.gr. 206）です．

ディオファントス『算術』は，最古のものはマクシモス・プラヌデス（1255 頃~1305 頃）による 第 1~2 巻への自筆注釈の一部がミラノに現存します（Ambros.&157 sup.）．これはかつてギリシャ科学史家タンヌリが疑問としていましたが，今日ではプラヌデスの真作とされています．しかしギリシャ語の第 1~4 巻は，13 世紀末の写本（Marc.gr.308）で，紙に書かれたものがマドリッドに現存します（本書第 12 章参照）．13 世紀頃から，筆写は羊皮紙ではなく，紙になされることも多くなってくるのです．

以上，どれも古代ギリシャで現物が書かれてからかなり後代のものです．筆写という作業は，学者による場合もあれば，筆写を専門とする者や写字生による場合もあります．前者では，単に書き写すだけではなく，本文や行間や欄外に説明や注釈を加えたりすることがあり，また参照すべき著作名や命題番号，さらに必要と考える新たな命題を付加することもあります．すると，次にそれを写す者は，それがオリジナルと勘違いし，本文にそれをそのまま埋め込んでしまうことがあります．他方，後者の場合は，内容を理解せず筆写することも多く，しばしば写し間違いなどがあり，それがその後の写本に引き継がれることがあります．こうして，本来のものとは異なる作品が次々と生まれていくのです．オリジナルのテクストの復元は重要ですが，新たに作られたテクストもまた研究の価値があります．その時代にテクストがどのように読まれ理解されたかが，それによってよく分かるからです．

また，一つのテクストをそのまま写すのではなく，いくつかのテクストを合わせて一つのテクストにまとめることもあります．ビザンツ数学ではとりわけ教育に用いるからでしょうか，テクストをまとめて一つの教科書とするこの方式がしばしば見られます．

アラビア数字

ビザンツ数学に貢献した人物を一人あげるとすれば，先にあげたプラヌデスがその筆頭でしょう．彼はニコメディア（今日のトルコのイズミット）に生まれた聖職者で，その『インド人たちによる偉大なる計算』は，アラビア数字を用いた位取り計算法を扱った最初のギリシャ語作品です．紙に書かれた自筆原稿の断片も存在します．この作品は，アラビア数字導入に関する初期の作品，つまりインドからアラビアへのフワーリズミー『インド人たちの数について』と，アラビアから西洋ラテン世界へのピサのレオナルド『算板の書』に相当するものです．しかしそれらと比べると，プラヌデスの作品が最もわかりやすく書かれているように思えます[*6]．

- テクストと仏訳：André Allard (ed.), *Maxime Planudes, le grand calcul selon les Indiens*, Louvaine-le-Neuve, 1981.
- 英　訳：P.G. Brow, “The So-Called Great Calculation According to the Indians’ of the Monk Maximos Planoudes: A Translation” [*7].

[*6] ただし，理由は定かではないが，途中で一部の箇所では，アラビア数字ではなくギリシャ文字数字が用いられている．

[*7] http://web.maths.unsw.edu.au/~peter/planudes.pdf (2018年6月10日閲覧).

本書は，加法，減法，乗法，除法，60進法，開平法の6章からなります．その冒頭を見ておきましょう．

> 数の値は無限に進むことができるが，この無限については知ることができないので，最も優れた天文学者たちはある記号と，それらを用いる方法とを発明し，最も容易に理解でき，数の使用法が最も簡単になるようにした．記号はたったの9つで，こうである．1 2 3 4 5 6 7 8 9．彼らはまたツィフラ（*τζίφρα*）と呼ばれる他の記号も付け加えている．これはインド人たちによれば，「何もない」（*οὐδέν*）を意味する *[8]．他の9つの記号も同様にインド起源で，ツィフラは0と書かれる．

ここに見られるアラビア数字は，今日のアラビア語圏で見られる東アラビアの数字の字体です．したがってこの作品は，イベリア半島の西アラビアからではなく，東アラビアからの影響と見ることができます．

プラヌデスが用いたアラビア数字 *[9]

ここで言うギリシャ語ツィフラは，もちろんアラビア語でゼロを示す *ṣifr*（シフル）に由来しています．この作品はその後ゼロについて，「ツィフラは決して数字の左側には置かれず，数字の中間か右側に現れる」と述べた後，次のように例示しています．

---

*[8]　このギリシャ語の省略形 *ō* は，プトレマイオス『アルマゲスト』で角度がゼロ度のとき何もないことを示すために用いられた．しかしそこにゼロ概念があったわけではない．

*[9]　図版と訳文の出典：André Allard, *op.cit.*.

> 数字の後に置かれたツィフラは数を十倍し，50は五十である．二つのツィフラは百倍し，400は四百である等々．もし一つのツィフラが数の真ん中に置かれ，その前にただ一つの数字があるなら，その数は百位の数を示し，こうして302は三百二であるが，ツィフラが二つなら，その数は千位となる．こうして6005は六千五である….

計算法も見ておきましょう．たとえば5687 + 2343は，今日と同じ計算法を文章で説明した後，次のような図を用いて説明しています．

8030	2
5687	8
2343	3

一番上の数が答です．右側は9による検算で，「我々が正しく加えたかどうか確かめる証明は，次のような方法で行う」として，各位の数を加え，9で割って確かめています．たとえば，$5+6+8+7=26$で，ここからできるだけ9を引いていくと，$26-9-9=8$．同様に$2+3+4+3=12$から$12-9=3$．こうして出てきた二つを加えます．$8+3=11$．ここからまた9を引き，$11-9=2$．他方，答の8030から，$8+3=11$で，ここから同様にして9を引いて$11-9=2$．こうして両者が一致したので，正しいというわけです．

ところで本書には，1252年の作者未詳の先行作品[*10]があります（プラヌデスはそれを見たと述べており，実際に両者には類似点がある）．アラビア数字による四則演算や開平法が述べられています．ただしそこではプラヌデスとは異なり西アラビア数字が

*10 André Allard, “Le premier traité byzantin de calcul indien : classement des manuscrits et édition critique du texte”, *Revue d'histoire des textes* 7 (1977), pp. 57-107.

用いられているのは興味深いことです．この写本は10点も知られ，13世紀には地中海地域でアラビア語，ラテン語，ギリシャ語による計算法が併存していたことがわかります．

また，12世紀になされた『原論』へのギリシャ語注釈では，東アラビア数字が用いられています．ただし10世紀の写本（Vindob. XXXI, 13）に含まれるギリシャ語版『原論』第10巻では，ゼロ記号を除きすでにアラビア数字が用いられています．要するに，この12~13世紀頃になると，ビザンツ（といっても広範囲ですが）では様々な形のアラビア数字が用いられるようになったようです．

ギリシャの文字数字とアラビア数字との混在も，スウェーデンのウプサラに保管されている15世紀の写本（COD.UPS. GR. 8）にはあります．たとえば，285を *σπ5* と書く例です[*11]．ここで古代ギリシャ文字数字では $\sigma = 200$, $\pi = 80$ です．

ビザンツ数学の最先端

このウプサラの写本には，アラビア数字はもちろん，今日の分数概　念や分数の横棒が見られます．ではその $3/5 \times 7$ の計算の問題を見ておきましょう．

> 整数（*ἀκέραιος*）を分数（*τζάκισματα*）で掛けよ．整数7を3/5倍する．次のようにせよ．整数7を分子（*κορυψή*）3で掛けよ．21を得る．それを分母（*ῥίζη*）5で割れ．すると4と1/5を得る．整数はすべてこの方法で分数と掛けられる．正しいか検算したいのなら，4と1/5を3/5で割れ．結果

*11　Denis M. Searby, “A Collection of Mathematical Problems in COD.UPS. GR.8”, *Byzantinische Zeitschrift* 96 (2004), pp. 689–702.

が整数7であるなら，それは正しいであろう．そうでなければ誤りであろう [*12]．

さらに小数を用いた作品もあります．もちろん西洋では小数の発明者としてよく知られた数学者シモン・ステヴィン（1548~1620）よりもはるか前にです．小数はステヴィン以前に小アジア地域ではすでに知られ，西洋では「トルコ人の方法」と呼ばれ，こうして少なくとも15世紀頃に遡ることができるのです．

このようにビザンツ文化圏はアラビア文化圏に接していたので，後者の影響が見られます．しかし，高度な数学はわずかに代数学を除いて今のところ見いだせません．たとえば，中世算法学派の影響のもと，代数学のギリシャ語写本（1436年筆写）が存在します [*13]．意味からすると未知数表記はイタリア語に由来しているようです．

	(参)イタリア語	意味	ギリシャ語
n	*numero*	数	*ἀριθμός*
x	*cosa*	モノ	*πρᾶγμα*
x^2	*censo*	財	*τζένσον*
x^3	*cubo*	立方体	*κούβον*

ビザンツ数学の代数学用語

ビザンツ数学の特徴は，先に述べた（1）古代ギリシャ数学を筆写して保存したことがあります．さらにそれ以外に次の特徴があります．これに関係しますが，（2）古代ギリシャ数学へ注釈したこと．（3）四科（*quadrivium*）の一部として数学を教育に取り入れたこと．四科は古代ギリシャに起源をもち，算術，幾

*12　Searby, *op.cit.*. ただしここで用いられているギリシャ語は，古代のものではなく後代のもの．

*13　Deschauer, Stefan, "About Numismatics and Some Problems of Algebra from a Byzantine Manuscript of 1436 (Cod. Vind. phil. gr. 65)", *Revue numismatique*, 167 (2011), pp. 185–200.

何，天文，音楽を指します．ビザンツではそのテクストとして，ゲオルギオス・パキュメレス（1242~1310頃）の『四科』（1300頃）が有名です．そして，(4) 理論というよりは実践を重視したこと．したがって多くの実用数学の文献が残されています．

ビザンツ数学のテクストは今日あまり研究されておらず，多くのテクストが写本のままで活字化されていません．旧来の評価を超えて，そこにはおそらく代数学など初等レヴェルを超えた数学も見出されるかもしれません．またアラビア，中世ラテンなど他の文明圏との関係も多くの示唆を与えてくれそうで，興味深い研究対象です．中世イタリアの数学者フィボナッチがコンスタンティノポリスで数学の情報を得たこともその一つです [*14]．

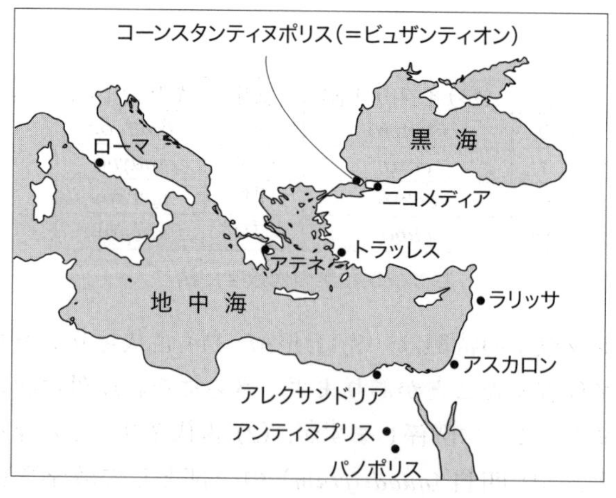

ビザンツ数学関係地図
地名はラテン語やギリシャ語

[*14] 詳細は『フィボナッチ』参照．

第Ⅲ部

アラビア

第 14 章

アラビア数学史記述の始まり

アラビア数学といえば数学史書で登場する定番の数学者がいます．フワーリズミーとオマル・ハイヤームです．9 世紀に活躍した前者は，2 次方程式の代数的解法を述べた書物を最初に著し，アラビア世界のみならず，ラテン語に翻訳され西洋中世にまで多大な影響を与え，「アラビア代数学の父」と呼びうる人物として記述されてきました．他方 11 世紀に活躍した後者は，ギリシャ数学の知識をも動員して 3 次方程式の幾何学的解法を明解に述べた人物として知られています．ともに代数学に貢献したので，アラビア数学最大の特徴は代数学にあるとされてきました．ではこのような記述はいつ頃始まったのでしょうか．アラビア数学史記述の歴史を瞥見しておきます．

モンテュクラとアラビア数学

ジャン・エティエンヌ・モンテュクラ（1725~1799）は政治職に就いたりし，様々な経験をもつ人物ですが，今日その名が知られているのは，その大著『数学史』によると言ってよいでしょう．すでに 20 代で書き始め，1758 年に 2 巻で公刊され，その後増補改定版が 1799 年に出ました．死後 1802 年，天文学者ジェローム・ラランド（1732~1807）による編集の下で今度は全4巻で出版され，今日では通常この4巻本が参照されます．全巻2926頁のうち，アラビア数学は64頁を占めるにすぎず，またユダヤ数学は8頁，インド数学（マダガスカルを含む）は25頁，中国数学は33頁で，和算にはまったく触れられていません．

以下ではまずアラビア数学を扱った部分（第1巻第2部）を見ていきますが，その箇所の目次からその内容が想像できます．なおテクストは

- J.F. Montucla, *Histoire des mathématiques*, 4 tomes, Paris, 1798-1802.

で，復刻版もあり，またウェブ上でも見ることができます．

アラビア数学の目次

1. アラブ人の性格．彼らによる天文学の最初の痕跡．
2. 科学への関心を呼び起こした王侯たち，とくにマアムーン．
3. この王が天文学に与えた庇護．彼がなし，またなさせた観測．その庇護のもとで大地が測定された．
4. マアムーンの時代の天文学．
5. バッターニー．そのプトレマイオス説への付加や訂正．
6. 12世紀から14世紀までのアラブ人の間で興隆したさまざまな天文学．彼らから我々に伝わるいくつかの天文学用語の語源．
7. アラブ人の幾何学とその原理について．
8. 我々の算術の起源．インド人から受け継ぎアラブ人自身が与えた様々な証明．この主題に関する様々な見解の検

討．Alsephadi [*1] が語った風変わりな歴史．

9．アラブ人はマアムーンの時代以来代数学を知っていた．その語の語源．この学問が誕生するまで．

10．アラブ人の物理数学，とくに光学者アルハーゼンについて．

11．ペルシャ人の数学，とくに彼らが同じ場所で昼夜平分点を常に保つのに用いた巧妙な挿入法について．

12．タタール人がペルシャに侵入し征服したときに天文学を庇護した人々．フラグ・ハーンは13世紀に特異な方法でこの学問を促進した．ナスィールッディーン・トゥースィーの天文学．

13．ウルグ・ベク王．この王自身天文学を育成し，様々な著作をなし，それらは今日の我々に至る．今やペルシャでは天文学は衰退した．

14．かつてのペルシャ人の幾何学．ナスィールッディーン・トゥースィーとその仕事．マイモン・ラシード〔不明〕とその特徴．ペルシャ人が数学と『原論』の様々な命題に与えた名前．

15．アラブ人とペルシャ人の音楽．

16．トルコ人の数学．

17．アラブ人とペルシャ人の主要な数学者の名前とその業績．

ここで詳細を述べることはできませんが，以上の目次でわかるのは天文学が大半を占めていることです．これはアラビア天文学が西洋天文学に多大な影響を与えたからでしょう．また音楽，光学，天文学が含まれることから，モンテュクラの時代においても，数学は天文学，音楽なども含むと考えられ，今日の数学分類とは異なることに注意する必要があります．ペルシャやトルコへの言及もかなり占めますが，これは資料の影響で

[*1] 詩人で伝記作家の al-Ṣafadī（? ~1363）と思われる．

しょう．モンテュクラの時代，少なからずの西洋人がその地に旅行し，異国の情報をもたらしたからです．

モンテュクラとアラビア代数学

さて代数学ですが，次のように述べられています．

> それはアラブ人には数学の他の分野と同様古いが，彼らはそれをギリシャ人から受け継いだ．このことから，彼らは発明者ではなく，彼らは後者〔＝ギリシャ人〕に負っていると考えることができよう．

中世イタリアでは，フィボナッチ以来パチョーリやカルダーノの 16 世紀に至るまで，代数学はアラビア起源とされていました．しかしそれがその後フランスに移植されると，フランス・ルネサンスの精神が高揚するなかでアラビア色は排除されていき，ギリシャ起源とされるようになります．モンテュクラもその伝統下にあったようです．

では，我々の知るフワーリズミーはどのように見られていたのでしょうか．

> アラブ人たちのなかで代数学の著作家で最も古いのは，Mohammed ben-Musa〔= フワーリズミー〕と Thebit ben-Corah〔= サービト・イブン・クッラ〕である．前者は 2 次方程式の解法を発見したとカルダーノが述べるが，わたしはその理由を知らない．その発見の栄誉を彼に与えることは，ディオファントスの中にそれが見いだされているだけに一層困難である．しかし彼〔= フワーリズミー〕は偉大ではなかったにせよ，一歩を踏み出したのであるから，とにかく最終的には前進させたのである．Ben-Musa の著作

> は多くの図書館に写本として残されており，この解析学者に付けられた Covaresmien〔＝フワーリズミー〕という名前から，マアムーンのもとで生きた人物と同一人物であることがわかる．

代数学は 17 世紀西洋では解析学とも呼ばれていましたが，200 年経った 19 世紀初頭でもまだ代数学者が解析学者（analyste）と呼ばれていたのは驚きです．

他方，サービト・イブン・クッラについては次のように述べられています．

> サービトは代数計算の証明の確実性について書いた．このことから，アラブ人はまた代数学を幾何学に適用する豊かな考え方を持っていたと考えることもできよう．

ここでのサービト・イブン・クッラへの言及はわずかですが，最後（17 節）に付けられた名前と作品名リストでは，作品のラテン語タイトルが他の人物に比べて異様と言えるほど詳しく掲載されています．その息子シナーン・イブン・サービト（?～942）も有能な数学者兼医者であったという事実にもきちんと言及されています．それに反し，フワーリズミーはそのリストには記載さえされていないのです．実際近年では，フワーリズミーはアラビア数字と代数学を論じた作品を最初に著したに過ぎず，アラビア数学初期の最大の数学者はサービト・イブン・クッラであることがわかってきています [*2]．もちろんフワーリズミーに関しては，その他の暦学，地理学，天文学の仕事も正当に評価せねばなりません．その後モンテュクラは，パチョーリによると方程式は 2 次までしか解けないとされていた

---

*2　次を参照．Roshdi Rashed (ed.), *Thābit ibn Qurra: Science and Philosophy in Ninth-Century Baghdad*, 2vols., Berlin/New York, 2009.

が，アラブ人たちにおいてはそうではなかったとし，次のようにオマル・ハイヤームに言及しています．

> ライデン大学図書館は我々に一つの写本を与えてくれ，Omar ben-Ibrahim〔＝オマル・ハイヤーム〕によるそのタイトルは『3次方程式の代数学』あるいは『立体問題の解法』である．これはとにかくメールマン氏がその『流率計算実例』の序文でそう呼んだものである．しかし告白するに，図書館に収められたこれらのアラビア語書物の大半はあまりに損なわれており，その内容を推測することはできない．アラビア語を知っている者は数学を知らず，数学を知っている者はアラビア語の文献に通じていないのは大変残念だ．

SPECIMEN
CALCULI FLUXIONALIS,
QUO EXHIBETUR
GENERALIS METHODUS
DUARUM PLURIUMVE QUANTITATUM VARIABILIUM IN SEMET MULTIPLICATARUM FLUXIONES ET FLUENTES CUJUSCUNQUE ORDINIS OPE SERIERUM INFINITARUM ADINVENIENDI.
ACCEDUNT ALIA QUÆDAM
MISCELLANEA.
AUCTORE
GERARDO MEERMAN, Jcto.
LUGDUNI BATAVORUM,
Apud DANIELEM GOETVAL
MDCCXLII.

ヘーラルト・メールマン（1722~1771）の『流率計算実例』(1742) 表紙

その後続いて写本の所蔵場所についての記述が続きます．

> 図書館は東洋の写本を所蔵し，とくにイギリスのボードリアン図書館とスペインのエスコリアル図書館は，多くの著者のアラビア語代数学を所持している．たとえば，すでに述べたMohammed ben-Musa〔＝フワーリズミー〕の『フワーリズムの代数学』である．

その後代数学者の名前が列挙されています[3]．最後にモンテュクラは詩の形で書かれたアラビアの代数学について言及しています．それは Ibn-Iasmin の『代数学の学問』というもので，また他に『代数学の驚異』という作品もあるという．フランス語では詩の形をした代数学書はありませんが[4]，ラテン語ではあるとも付け加えています．ここで Ibn-Iasmin とはイブン・ヤーサミーン (? ~1204) のことで，マッラークシュ（マラケシュ）などで活躍した著名な数学者です (本書第 20 章参照)．東アラビアに比重が置かれている今日のアラビア数学史記述では，イブン・ヤーサミーンは取り上げられることはあまりありませんが，モンテュクラがきちんと正当に言及していることは注目すべきです[5]．

こうしてモンテュクラの時代には西洋ではフワーリズミーはほとんど評価されず，またオマル・ハイヤームも名前こそ知られてはいましたが，その仕事内容は不明であったことがわかります．ではモンテュクラの情報源は何でしょうか．

アラビア学と数学

モンテュクラはしばしば情報源としてゴリウスの名に言及しています[6]．オランダ人ヤコブ・ファン・ゴール (1596~1667)

---

*3　人名表記法もまちまちで，同定できるのは Salaheddin de Gaza くらいです．これはカーディー・ザーダ・ルーミー（1364~1436）で，ウルグ・ベクの天文台で活躍したトルコ人天文学者．

*4　ただし手稿ではあるが，『数の実用の近道』（1471）など散文のフランス語代数学作品はある．

*5　もちろんこれは，フランスとマグリブ地方との政治的経済的関係が歴史的にあることも理由の一つである．

*6　もう一つの情報源は，カシーリー『エスコリアルのスペイン・アラビア語文献目録』全 2 巻（1760~1770）と思われる．

はそのラテン語名ゴリウスで知られ，ライデン大学で数学とアラビア語を学んだのち，その大学でアラビア語担当教授となりました．その後すぐ東方のアレッポ（現シリア北西部）に写本を買い付けに 4 年以上も旅をし，持ち帰れない場合は専門家に筆写させ，それら写本 250 点 *7 は今日ライデン大学図書館に収められています．この大学にはさらに写本が加えられ，こうしてアラビア語写本では世界有数の保有図書館となったのです．

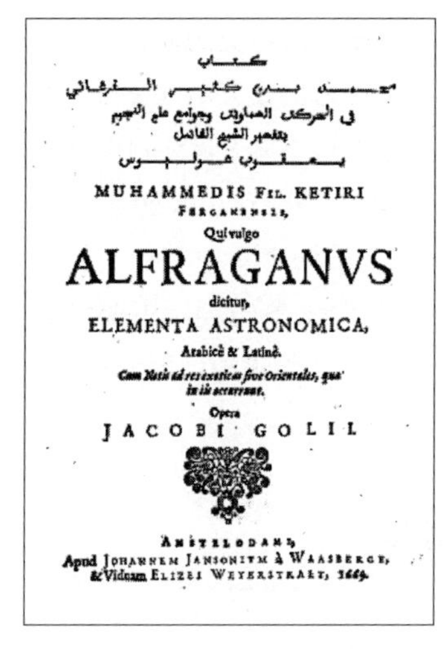

كتاب
محمد بن كثير الفرغاني
في الحركات السماوية وجوامع علم النجوم
بتفسير الشيخ الفاضل
يعقوب غوليوس

MUHAMMEDIS FIL. KETIRI
FERGANENSIS,
Qui vulgo
ALFRAGANVS
dicitur,
ELEMENTA ASTRONOMICA,
Arabicè & Latinè.
Cum Notis ad res exoticas sive Orientales, quæ in iis occurrunt.
Opera
JACOBI GOLII.

AMSTELODAMI,
Apud JOHANNEM JANSONIUM à WAASBERGE,
& Viduam ELIZEI WEYERSTRAET, 1669.

ゴリウス『ファルガーニーの天文学原論』（1669）

帰国後ゴリウスは数学教授となりますが，当時まだアラビア語学研究は発展途上であり，大半の仕事はアラビア語辞書などの編集に関するものです．ただし数学方面の仕事もあります．ペルシャの天文学者ファルガーニー，イブン・ハイサムによる作品のアラビア語テクストを編纂し，ラテン語訳と詳細な注釈をつけています．とくに前者の注釈（上図参照）には豊富な歴史記録が記載されています．またゴリウスは 1633 年ライデンに天

*7　1 点の写本には複数の作品が含まれていることに注意．

文台を設立したりもしています．

ゴリウスはオマル・ハイヤームの代数学の写本を持ち帰り，それが先ほどのモンテュクラの記述になったのです．それだけではありません．数学教授でもあったゴリウスはオマル・ハイヤーム『代数学』を読もうとしたとみえ，メモを残しています．彼はデカルトと友人関係にあり，その記号法を用いてオマル・ハイヤームの方程式を再解釈しようとしていますが，誤解し，オマル・ハイヤームの代数学の本質は理解できなかったようです．それはジズル (*jidhr*) という単語に関するものです．これは根を意味し，通常は$\sqrt{\ }$ となりますが，他方で方程式の中では 1 次の未知数を示します．ゴリウスは，$a = x^3 + x$ とあるべきところを，$a = x^3 + \sqrt{x}$ と解釈してしまい，オマル・ハイヤームの意味するところを把握できずに終わりました．

当初フランス語で書かれたデカルト『幾何学』は，ライデン大学教授フランス・ファン・スホーテン (子) (1615~1660) のラテン語訳によってともかくもユーロッパ中に知られることになります．このスホーテンの同名の父 (1581/82~1646) もライデン大学数学教授でしたが，同時期にライデン大学数学教授であったのがゴリウスです．ゴリウスはデカルトと頻繁に書簡を交わしています [*8]．またゴリウスから提示されたパッポスの問題をデカルトは『幾何学』で解いており，17 世紀の西洋数学はギリシャやアラビアと関係がないわけではないのです [*9]．

アラビア数学の具体的内容が歴史的にきちんと精査されるようになったのは 19 世紀になってからで，フワーリズミー『代数

*8 デカルトさらに 17 世紀の数学を知るには，『デカルト書簡集』全 8 巻，知泉書院，2012~2016 が必見．

*9 デカルト，ゴリウス，メールマン，ファン・スホーテンなど 17 世紀オランダの数学とオマル・ハイヤームなどとの関係は興味深いテーマであり，さらなる研究が待望される．

学』のテクスト編集とその英訳出版からです[*10]．それは天才的サンスクリット学者フリードリヒ・ローゼン（1805~1837）が 1831 年に英訳を付けて出版したものです．ローゼンはドイツ生まれですが，すぐさまその語学的才能が認められ，若くして新設のロンドンのユニバーシティ・コレッジ東洋語学教授となります．インド学者でインド数学史家のヘンリー・トマス・コウルブルク（1765~1837）の助言で『代数学』を訳すことになりますが，わずか 32 歳で没し，残念ながらアラビア数学史上の貢献はこの作品のみのようです．

フワーリズミーの代数学はすでに 12 世紀にラテン語に訳され，ラテン世界の代数学誕生に重要な貢献をしました[*11]．ルネサンス期にはその重要性からそのラテン語訳を出版しようとした学者もいましたが，その後その写本はモンテュクラの時代には図書館に埋もれてしまいました．ローゼンの英訳は今日の基準からすると精確ではないものの[*12]，その後のアラビア数学史はほぼこの英訳を参考にして記述されることになります．

これを期に，いくつかのアラビア語テクストの翻訳が始まります．1843 年にはネッセルマンが『バハーウッディーンの計算法真髄』の独訳を出し，1846 年にはアリスティード・マール

---

*10　アラビア数学原典テクストが最初に印刷されたのは，アラビア世界ではなく 1594 年のローマであり，それは偽トゥースィー版アラビア語訳エウクレイデス『原論』である．本来はマグリビーによるものとされる．

*11　フワーリズミー『代数学』の和訳（部分訳）には次のものがある．アラビア語からは，鈴木孝典「アラビアの代数学」，伊東俊太郎（編）『中世の数学』，共立出版社，1987，322–344 頁．古くは，チェスターのロバートによるアラビア語からのラテン語訳に基づく英訳から，金原和子「アル・クワリズミ代数」，『数学教育』35（1957），38–43 頁；36（1958），51–56 頁．

*12　フワーリズミー『代数学』のアラビア語写本は今日 6 点ほど知られ，ローゼンはオックスフォード・サドリアン図書館所蔵の写本（1342 年筆写）しか用いていない．

(1823~1918) がそれを仏訳しています．この書は初歩的な計算法を述べたにすぎない内容ですが，こうしたなかアラビア数学に増々関心がもたれるようになりました．そして 1851 年，ヴェプケはオマル・ハイヤームの代数学のテクストと仏訳を公刊します．これには詳細な注釈や解説が付けられ，その後の研究の基本となります．

数学者兼数学史家ヴェプケ

フランツ・ヴェプケ (1826~1864) はベルリン大学で数学を学び，博士論文はラテン語で書かれた『古い日時計の数学考古学』で，すでに学生時代から歴史に興味があったことがわかります．その後ボン大学で引き続き数学をプリュッカーのもとで研究します．そこでアラビア語を学びはじめ，1849 年に私講師資格を得て，その後パリに出て活躍します．ドイツで古典語を教えたりもしますが，最後はパリでわずか 38 歳でなくなります．とはいえ学問的に多産な生涯でした．ヴェプケの仕事は未刊行作品も含め著作論文合わせて 51 点にのぼり，さらに書簡が 500 通ほど残されています．

ヴェプケはいわゆる『クレレ誌』,『リューヴィル誌』などで数学専門論文を発表し数学者と言えます．しかも 1853~1854 年にかけて，シュタイナーやヴァイヤーシュトラースのドイツ語論文をフランス語に翻訳し，ドイツ数学をフランス数学に紹介した歴史上きわめて重要な役割をした数学者でもあるのです．しかしヴェプケの貢献はそれ以上に数学史に関するもので，その多くはアラビア語写本の内容を紹介し，歴史的に位置づけたことです．

代表作はオマル・ハイヤーム『代数学』(1851) の原典テクスト編集と翻訳です．これによってオマル・ハイヤーム『代数学』の内容が初めて西欧世界で明らかになりました．これは前年に『クレレ誌』に公刊した論文をさらに展開したものです．当時アラビア数学はギリシャ数学の引き写しにしか過ぎないとみなされ，数学史に関心のあった最も影響のある数学者シャールでさえもそういった意見でしたが，ヴェプケの仕事が公刊されるとシャールは考えを改めたほどヴェプケのこの書の影響は絶大でした．先に述べたインド学者コウルブルクは，フワーリズミーの時代とバハーウッディーン・アーミリー(1547~1622)の時代との間ではアラビア代数学は沈滞していたと述べていますが，ヴェプケはその間には，「真に賞賛に値する飛躍展開」が存在したと明言しています．それをなしたのがオマル・ハイヤームなのです．

オマル・ハイヤームとは

オマル・ハイヤーム(1048?~1131?)は，数学者であるのみならずペルシャ語四行詩『ルバイヤート』の詩人としても今日有名です．この詩人オマル・ハイヤームはフィッツジェラルド(1809~1883)による英語自由訳『オーマー・カイヤムのルバーイヤート』で知られることになりました．この英訳は世紀末の享楽的退廃的雰囲気のなか世界各地で読まれることになります[*13]．各地に詩を朗読するオマル・ハイヤームクラブが設立されたのもこの頃です．しかしその英訳が最初に刊行されたのは 1859 年ですから，ヴェプケの仕事の後なのです．すなわちオマル・ハイヤームはまずは数学者として先に西洋に知られていたのですから，ヴェプケの先見性は恐るべきです．

*13　日本でも，詩人矢野峯人(1893~1988)が寄贈した数々の言語による『ルバイヤート』の版が，昭和女子大学図書館「オマール・ハイヤーム文庫」に保管されている．

بــرخــيز بُتــا بيــار بــهر دلِ مــا ١*
حلّ كن بهجمال خويشتن مُشكل ما
يک کوزه شراب تا بههم نوش کـنيم
زان پيش که کوزهها کـنند از گِلِ مـا

フィッツジェラルド使用のペルシャ語『ルバイヤート』冒頭の句

しかしここで重要な事を付け加える必要があります．まず，オマル・ハイヤームは，数学のみならず静力学，音楽，天文学でも重要な貢献をしましたから，彼自身は単に狭義の「数学者」と呼ぶにはふさわしくありません．アルキメデスやエウクレイデスと同じように，数学者というより数理科学者と呼ばねばならないのです

さらに付け加えることがあります．そもそもオマル・ハイヤームは数理科学者兼詩人であったのでしょうか．オマル・ハイヤームという名の人物は二人いたという説があります．数理科学者ハイヤームと同時代に，ほぼ同名の詩人で『ルバイヤート』を書いたハイヤームがいたというのです．当時オマル・ハイヤームへの言及は数理科学か詩のどちらか一方の分野に偏り，数理科学者兼詩人と言及した資料はないとされ，この説はあながち間違いとは言い切れないのではないでしょうか．

モンテュクラの心配「アラビア語を知っている者は数学を知らず，数学を知っている者はアラビア語の文献に通じていない」は，双方に十分通じていたヴェプケの登場で消え，今日の本格的なアラビア数学史研究は彼とともに開始したと言えます．しかしその仕事は，いくつかの分野では乗り越えられたものの，それでも彼の大半の研究成果は1世紀以上たった今でもまだ精

彩を保ち続けているのです [*14].

ヴェプケのアラビア数学史に関する仕事は次の論文集 2 巻に収められています．しかし，当時のアラビア数学の研究状況に触れられていると思われる彼の書簡は未刊のままです．

- Franz Woepcke, *Études sur les mathématiques arabo-islamiques*, 2 tomes, Frankfurt am Main, 1986.

[*14] 今日，フワーリズミーとオマル・ハイヤームの代数学テクストと仏訳とは，現存すべての写本をもとに編纂したラーシェドのものが基本で，それぞれ英訳もなされている．R. Rashed, *Al-Khwārizmī : Le commencement de l'algèbre*, Paris, 2007（英訳 2010）．R. Rashed et B. Vahabzadeh, *Al-Khayyām mathématicien*, Paris, 1999（英訳 2010）．

第15章

初期アラビアにおけるギリシャ数学の受容

21世紀になり，同一のアラビア語幾何学作品が立て続けに編集翻訳され出版されました．研究に必要な未読のアラビア語作品が他にも多数あるなかで，理由はわかりませんが英語とフランス語で立て続けに出版されたことは，一見無駄なようにも思えます．しかも両訳者ともに，このアラビア語著者についてはとくに際立った数学者ではないとしています．とはいえ，初期アラビア幾何学について，両者を比較しながらさらに詳しく検討できるのは喜ばしいことです．

- Jan Pieter Hogendijk, "The Geometric Problems of Nu'aim Ibn Muḥammad Ibn Mūsā (9th Century)", *SCIAMVS*[*1] 4 (2003), pp. 59-136.
- Roshdi Rashed et Christian Houzel (eds.), *Recherche et enseignement des mathématiques au IXe siècle : le recueil de propositions géométriques de Na'īm ibn Mūsā*, Louvain, 2004.

[*1] この雑誌の副題は，Source and Commentaries in Exact Sciencesで，ドイツの『クヴェレン』（本書第6章参照）のように精密科学の原典研究を中心とする日本で出版されている年刊国際雑誌.

今回はこの2作品をもとに，初期アラビア数学の内容と歴史上の位置づけを見ていきます[*2].

ナイームとその作品

著者の名前は，仏訳ではナイーム・イブン・ムハンマド・イブン・ムーサー，英訳ではヌアイム・イブン・ムハンマド・イブン・ムーサーと記述されています．日本語にすると最初の名前が異なりますが，アラビア語綴は同じで，母音をどう入れるかの違いです[*3]．以下ではナイームと記述しておきます．

ところでナイームは，目立った存在ではないと英仏両訳者が述べてはいますが，実際には興味ある研究環境にいた9世紀末の天文学者であることを示しておきます．初期アラビアでは，ムーサー・イブン・シャーキルの3兄弟，つまりバヌー・ムーサー（バヌーとは兄弟の意味）が数学史上で重要です．長男のムハンマド，二男アフマド，三男のハサンがいます．この長男の息子がナイームと思われます．名前の意味が「ムーサーの息子（イブン）のムハンマドの息子のナイーム」というのも理由の一つです．またバヌー・ムーサーは，初期アラビア数学でも最大の数学者サービト・イブン・クッラの才能を見出したことでも重要ですが，ナイームはこのサービト・イブン・クッラの弟子でもあったようです．なお，サービト・イブン・クッラの息子のシナーン・イブン・サービトは数学者ですし，その息子のイ

---

*2　以下では，他に本テクストに関する次のおそらく唯一の研究論文も参照した．Marco Panza,"The Role of Algebraic Inferences in Naʿīm Ibn Mūsā's Collection of Geometrical Propositions", *Arabic Sciences and Philosophy* 18 (2008), pp. 165–191．またアラビア語テクストのファクシミリ版は，Fuat Sezgin *et al.*(eds.), *Manuscript of Arabic Mathematical and Astronomical Treatises*, Series C- 64, Frankfurt, 2001 に収録されているが未見．

*3　Na'īm, Nuʿaim. 他に Nu'īm と綴る学者（Sezgin）もいる．

ブラーヒーム・イブン・シナーン（908~946）も極めて優れた数学者でもありました．以上の親子関係を示すと次のようになります．

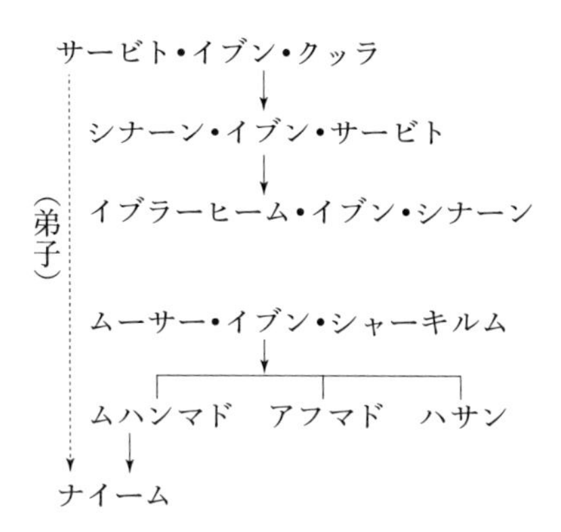

では具体的にナイームの作品『幾何問題』を見ていきます．冒頭は，「以下は，ナスィールッディーン師 ── 神が彼の魂を聖別するように ── の手稿から写された，天文学者ナイーム・イブン・ムハンマド・イブン・ムーサーの書物からの幾何問題である」という言葉で始まります．ナスィールッディーン師とは，数学者でもある有名なナスィールッディーン・トゥースィー（1201~1274）を指します．300 年以上も後のナスィールッディーン・トゥースィーが書き残したものを，誰かがさらに 1510 年（仏訳解説による）に書き写したものが現存していることを示しています．その過程での誤写や誤解，さらに少なからずの付加なども見られますが，それについては，英訳・仏訳の解説で詳しく検討されていますのでここでは省きます．

『幾何問題』

本書は幾何に関する問題とその解，命題とその証明，総計 42

から成り立っています[*4]．序文は書かれておらず執筆目的はわかりません．代表的な問題を現代表記して次に見ておきましょう．

命題 5　$\angle$E を直角とする△BED があり，$\angle$E から垂線を底辺に下ろす．ここで ED＝DH＝BH なる点 H を取る．すると GH＝GD となる．

ここでは DB ≦ 2DE でなければなりませんが，そのことは触れられていません．以下の図版およびアラビア語のローマ字化は英訳を参考にしました．

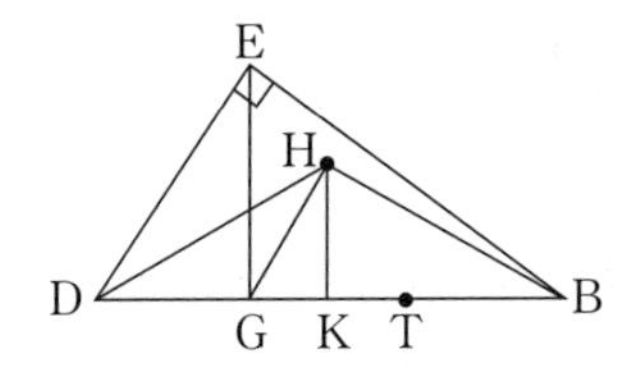

以下では現代記号を用いて証明 (*burhān*) を追っておきます．

垂線 HK をとり，BG 上に TK＝KG なる点 T をとると，

$$BT = GD.$$

よって

$$DE^2 = BD \cdot GD.$$

したがって

$$DH^2 = BD \cdot GD = GD^2 + BG \cdot GD.$$

また $\angle$DGH は図から鈍角なので[*5]，

*4　命題・問題には重複があり，個数に関しては解釈の違いがある．英訳・仏訳の解説を参照．

*5　ここでは DE＜EB としている．

$$DH^2 = GD^2 + GH^2 + TG \cdot GD$$ (『原論』II-12 [*6])
$$= GH^2 + BG \cdot GD.$$

よって BG・GD を取り除くと，

$$GD^2 = GH^2.$$
$$\therefore GH = GD.$$

最後は『原論』命題末尾でのお決まりの語句，「これが望むことであった」で終わります．このように『原論』の書式に従い，その練習問題のような内容です．

命題 33

∠B が直角の△ ABG があり，GA＋AZ＝GZ＋ZB となるような点 Z を AB 上に見出す．

BA を D まで延長し，AD ＝ AG となるようにする．BD を E で２等分し，EG を結び，この EG を直径とする半円 GBE を描く．弦 $EW = \frac{1}{2}BG$ とする．WG と AB の交点を Z とすると，これが求める点となる．

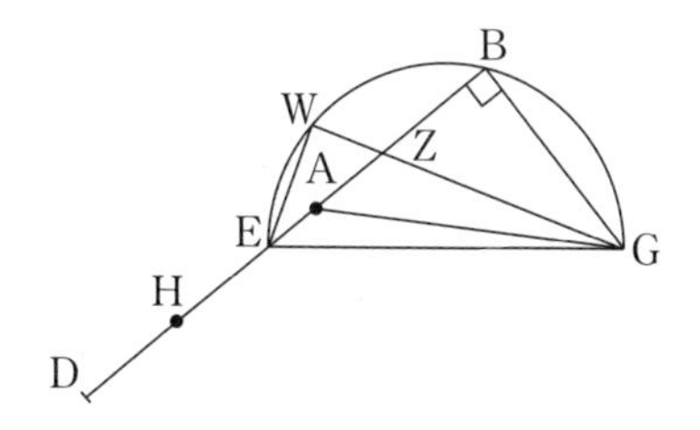

証明は，△ WZE ∽ △ BZG で，$WE = \frac{1}{2}BG$ なので，$EZ = \frac{1}{2}ZG$.

[*6] 『原論』そのものには言及されていないが，本書全体で前提としていることは確か．以下では英仏訳解説を参考にし，関係する『原論』の命題箇所を示しておく．

BZ＝DH なる点 H をとる．すると EH＝EZ となり，よって ZH＝2EZ＝GZ．ここで GZ＋ZB＝ZH＋ZB＝BH＝DA＋AZ＝GA＋AZ. ゆえに GZ＋ZB＝GA＋AZ.

鋭角，鈍角の場合も同様にできることが（証明は略して）最後に付け加えられています.

命題 35

同一円に内接する正 6 角形の辺と正 10 角形の辺の和は，円の 10 分の 3 の弦に等しい.

直径 AD の円を ABGDE とします．AB，BG，GD [*7] を内接正 6 角形の辺，BD を内接正 3 角形の辺，DE を内接正 5 角形の辺，EA を全円周の 10 分の 3 の弦とする．BA を延長し，AZ を全円周の 10 分の 1 の弦の長さに取る．このとき BZ=EA であることを言う.

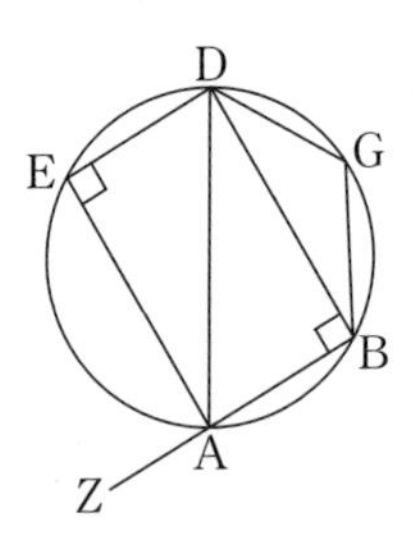

証明はまず BZ を外中比に分けます．すると $BZ \cdot AZ = AB^2$（『原論』XIII–9）．また $AZ^2 + AB^2 = DE^2$（『原論』XIII–10）.

BD，AB は内接正 3 角形，正 6 角形なので

$$BD^2 = 3AB^2.$$

よって

$$BD^2 = AB^2 + 2BZ \cdot AZ.$$

[*7] BG, GD が使用されないことはナイーム自身本文で注記している.

ここで BZ・ZA＝BA・AZ＋AZ^2（『原論』II-3）なので，

$$\mathrm{BD}^2 = \mathrm{AB}^2 + 2\,\mathrm{AB}\cdot\mathrm{AZ} + 2\,\mathrm{AZ}^2$$
$$= \mathrm{BZ}^2 + \mathrm{AZ}^2 \text{（『原論』II-4）}.$$

ここで

$$\mathrm{DA}^2 = \mathrm{BD}^2 + \mathrm{AB}^2.$$

また

$$\mathrm{BD}^2 + \mathrm{AB}^2 = \mathrm{BZ}^2 + \mathrm{AZ}^2 + \mathrm{AB}^2$$
$$= \mathrm{BZ}^2 + \mathrm{DE}^2.$$

また

$$\mathrm{DA}^2 = \mathrm{EA}^2 + \mathrm{DE}^2.$$

よって

$$\mathrm{BZ}^2 + \mathrm{DE}^2 = \mathrm{EA}^2 + \mathrm{DE}^2.$$
$$\therefore\ \mathrm{BZ} = \mathrm{EA}.$$

つまり半円 r の円の $\angle\alpha$ の弧の弦は $2r\sin\dfrac{\alpha}{2}$ なので，BZ＝EA は，

$$\sin 30^\circ + \sin 18^\circ = \sin 54^\circ$$

を意味することになります．「天文学者」ナイームはこの関係を天文学に使用したでしょうけれど詳細は不明です．

さて本書には領域付置と代数がしばしば用いられています．次にそれを見ておきましょう．

領域付置と代数

領域付置とは，『原論』など古代ギリシャ数学に見える方法で，直線と直線図形とが与えられたとき，その直線図形に等しい他の平行四辺形を，その与えられた直線の傍らに描く方法です [*8]．なかでも『原論』VI-29 の「超過を伴う領域付置」は本書で重要

[*8] 領域付置（「面積のあてはめ」とも呼ばれてきた）については，斎藤憲氏によって詳細な解説がなされている．『エウクレイデス全集』第1巻，東京大学出版会，2008，108-113 頁．

な役割をし，初期代数学が領域付置と結び付けられていたことがわかります．

代数学はすでにアラビアでフワーリズミー以降の伝統があります．サービト・イブン・クッラは『幾何学的証明によって代数学の問題を回復する』で，フワーリズミーの代数学を『原論』を用いて再解釈しています．ナイームはフワーリズミーの代数学の技法そのままを用いるのではなく，領域付置によって解決しています．ギリシャの領域付置がアラビアの代数学に結び付けられているのです．これらに初期アラビア数学における代数学とギリシャ数学との結合を見ることができるのではないでしょうか．フワーリズミーの代数的方法には満足せず，新興の代数学を『原論』や領域付置という伝統的ギリシャ数学を用いて解釈するという方法も並行して行われていたのです．

では命題をいくつか見ておきましょう．

命題 37
ある直線が 2 分され，片方の平方を何倍かしたものが，もとの直線ともう一方との積に等しくなるようにせよ．

代数的に示しておきます．a が x と $a-x$ とに二分され，$kx^2=a\cdot(a-x)$ となるようにします． すると $kx^2+ax=a^2$ となり，$\frac{a}{k}=b$ と置くと，$x^2+bx=ab$ となります．ここでこの直線 a を AG とし，GZ $=x$, $k=3$ で考えます [*9]．

AG 上に正方形 AT をつくり，GB$=\frac{1}{3}$AG なる点 B をとります．

*9 以下でも見るように，一般的言明に対して特定の数値で示す方法がとられている．

BM∥GTとすると，$BT=\frac{1}{3}AT$.

BTに等しいBDをBGの傍らにGDだけ超過するように付置します．双方からBZを取り除くと，GD = ZM．これは$\frac{1}{3}$LTに等しい．よってLT = 3GD．ここでLT = GT・TZ = $3GZ^2$．
つまり$3x^2=a(a-x)$となります．

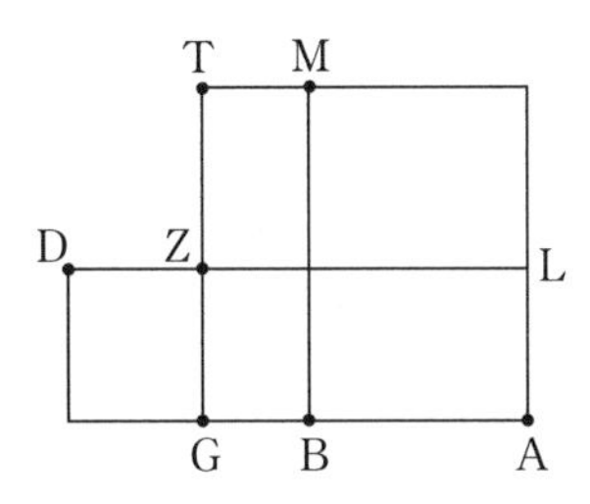

命題38（現代表記）
ある直線aをxと$a-x$とに2分し，$am(a-x)+M=mx^2+Z$となるようにする．ただしmを自然数，M, Zを領域とする．

ここでこの直線をABとし，$m=1$で考える．

M = Zのとき，ABを外中比に分ければよい（『原論』VI-30）．
つまり$am(a-x)=mx^2$で，$a(a-x)=x^2$．よって$a:x=x:(a-x)$．

M > Zのとき，K = M−Zとする．AB = a，BE = xとすると，$x^2+ax=a^2+(M-Z)$，つまり$x^2+ax=a^2+K$．AB上に正方形AGDBを描く．Kに等しい領域GLをGDの傍らに付置する．

次に，BHが超過する領域AHをABに付置し，付置領域がALに等しくなるようにする．共通領域AEを取り除くと，正方形BH = TLとなる．ここでTL = BD・DE + Kなので，BD・DE + M = 正方形BH + Z.（Z > Mのとき，省略）．

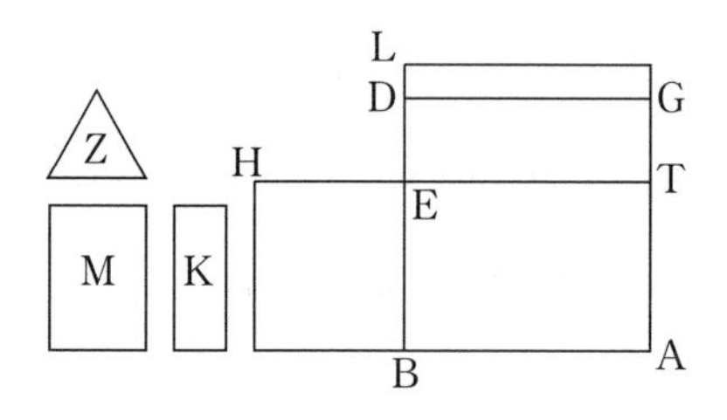

命題 4（現代表記）
$x^2+ax=b$ と $x^2+b=ax$ の解を求める.

2次方程式それぞれに3つの解法が示され，ここでは $x^2+ax=b$ を取り上げておきます.

(1) 領域付置を用いる方法.

ABGD を正方形 x^2 とする. ax に等しい領域 GDE を辺 GD に付置する. ここで GE $=a$ とする（既知）. 領域全体の AE も $x^2+ax=b$ で知られている. 与えられた線 a の傍らに正方形を超過するように既知の領域 b を付置する. この超過する正方形が求める x^2 となる.

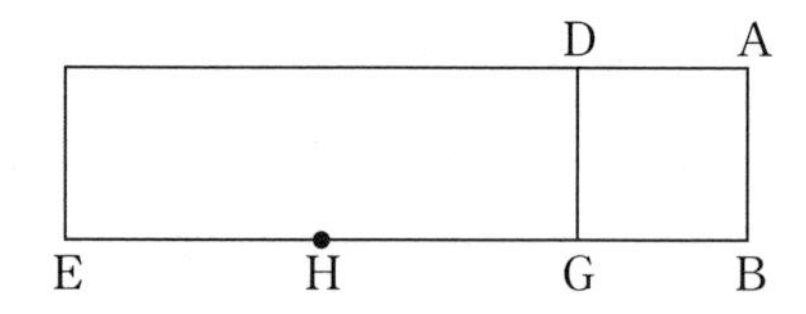

(2)『原論』第 2 巻を用いる方法.

同じ図を用いる. GE（既知）を H で 2 等分する. そして GE に GB を加える. すると $\mathrm{EB}\cdot\mathrm{BG}+\mathrm{GH}^2=\mathrm{BH}^2$（『原論』II–6）. ここから BH は知られ，GH は知られているので，BG が知られる. これが求めるものの根である. つまり $(a+x)x+\left(\dfrac{a}{2}\right)^2=\left(x+\dfrac{a}{2}\right)^2$ なので，x が求まる.

(3) 幾何学的図解を用いる方法.

$\mathrm{AB}=\dfrac{a}{2}$, $\mathrm{GH}=x$, ABDG を正方形, グノーモーン (L 型図形) SHGABZ を $b\left(=x^2+\dfrac{a}{2}\cdot x\cdot 2\right)$, SD を正方形とする.

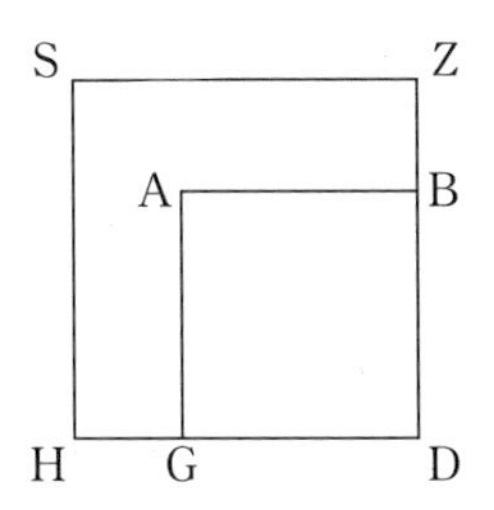

すると $\mathrm{SD}=b+\dfrac{a^2}{4}$ なので,

$\mathrm{GH}=\sqrt{b+\dfrac{a^2}{4}}-\dfrac{a}{2}$. これが求める x である.

ここでは, フワーリズミーが行ったような幾何学的図解を用いながらも, 代数的解法は用いられていません.

以上の (1) (2) は, サービト・イブン・クッラの小品『補題』(ムカッダマート) にも見られる方法です. この問題は, 初めに x^2 (「財」を意味するアラビア語マール) が与えられ, これを求めるのが目的です. x は根 (アラビア語でジズル) と呼ばれています. (1) は直接 x^2 を求めています. 他方 (2) (3) は x を求めた後, 略されてはいますが, x^2 を求めるのでしょう. ジズル (x) が先に求められても, 最終的にマール (x^2) を求めるようです [*10].

アラビア幾何学はサービト・イブン・クッラに始まり, ナ

[*10] 後の代数学では, 求めるのはジズル (根) またはシャイ (モノ) であり, マール (財) を求めることはない. そこではマールは x^2 とされる. ただし算術問題では現代的には x を示すこともある.

イームを含めイブラーヒーム・イブン・シナーンまでの9世紀後半から10世紀前半までを第1期とすることができます．そこでは幾何問題がしばしば一書に集められています．初期のものにはサービト・イブン・クッラ『補題』，ナイーム『幾何問題』，イブラーヒーム・イブン・シナーン『問題選集』があります．英訳者ホーヘンデイクはこの順に内容は初等的から高等的へと向かうとしています．さらにイブラーヒーム・イブン・シナーン『幾何問題におけるアナリュシスとシュンテシス』は，上記3点に比べ遥かに高度な内容をもっています．この初期アラビア数学におけるサービト・イブン・クッラのグループは，ギリシャ幾何学を基本としながらもアラビア代数学を受け入れ両者を結びつけたのです．この時期を経て10世紀後半にはアラビア幾何学は最盛期を迎え，シジュジー，クーヒー，イブン・ハイサムなどが活躍します．彼らは代数学にはあまり関心を示さず，他方でギリシャ幾何学を受け継ぎ発展させたので，この10世紀後半は，ギリシャからアラビアへと場所をかえてのギリシャ幾何学の絶頂期ということになります．

興味深いのは，なぜ本作品が600年以上も後になって書き写されたのかです．その間アラビア数学は大躍進しており，ナイームのあまりまとまりがあるとはいえない初等幾何学を取り上げる必要があったかどうかです．

高度に展開したギリシャ幾何学やアラビア代数学のなかにあって，13世紀のナスィールッディーン・トゥースィーは，ギリシャ数学を含むアラビア語による数学を集成するため（それは教育目的もあったと考えられる），初期のテクストを収集校訂し，その一つがナイームの作品だったのでしょう．そのおかげで今日我々は，初期アラビア数学の姿 ——フワーリズミーとは異なる代数学へのアプローチ—— を見ることができるのです．

第16章

アラビア数学のなかのアナリュシス

一般的に西洋数学のテクストは総合的方法によって書かれてきました．すなわち定義，命題 (定理)，証明が論を追って書き進められていく形です．そのスタイルの代表がエウクレイデス『原論』であることはよく知られています．そこには証明は書かれていても，その定理が如何に発見されたのかは記述されていません．古代ギリシャの数学者が定理の発見の方法を書き残すことは稀でした．だからこそ，失われたと考えられてきたアルキメデスの作品『方法』が20世紀になって発見されたことは，数学史上大変センセーショナルな出来事でした．そこには定理の発見の方法が示されているからです．すなわち，古代では機械学に属した天秤を用いて定理を発見する方法が示されていました．しかしながらアルキメデスは，その方法を数学であるとは考えませんでした．そしてこの判断は他のギリシャの数学者も共有していたと思われます．当時において，下位に属する学問 (機械学) で上位に属する学問 (幾何学) を証明することは領域侵犯であり，許されないと考えられていたのです．

古代ギリシャでは，数学をはじめ様々な作品はパピルスに書かれていました．しかしそのパピルスは古代地中海沿岸の環境では長期保存には適さないため，幾度にもわたり書き写されてきました．その間，テクスト散佚や[*1]，筆記者の知的関心やその時代の文化的背景などによって，筆写するテクストが取捨選択されるなどしました．今日残されている古代ギリシャのテクストは，実は極めてバイアスがかかったものと言わざるをえません．それに対し古代バビロニアやエジプトのテクストは，書かれた年代・場所・作者がもはや不明であるとはいえ，その多くは現物で残されているので，それらは，古代ギリシャに比べ信用がおけるものとみなしてもよいでしょう． 古代ギリシャについて言えば，その後期 (ビザンツ数学時代) 9 世紀頃以降，パピルスから半永久的に保存可能な羊皮紙に書き写され，それらが今日残されています (本書第 13 章参照)．アラビア数学の場合，早くからパピルスではなく紙が使用され[*2]，それはある程度の期間保存できるため，その一部がそのまま，あるいは筆写がさほど繰り返されることなく今日残されています．本章では，ギリシャ数学にはあまり残されていませんが，他方でアラビア数学にはよく見られるテーマである「発見の方法」，なかでも「アナリュシス」にまつわる議論を見ていきましょう．

アナリュシス

アラビア数学はインド，ギリシャ，シリアなどからの翻訳で始まります．なかでもギリシャからの翻訳が最も重要で，アラビア数学はギリシャ数学を継承発展させ，それにさらに独自の成果 (代数学，組合せ論など) を加え展開したと言えます．ところで古代ギリシャでは，アナリュシスと，それと対のシュン

*1 アルキメデス『方法』のような作品は他にもたくさんパピルスに書かれたのかもしれないが，残されていない．

*2 バグダードの製紙業は 793 年に始まった．小宮英俊『紙の文化史』, 丸善出版, 1992, 48 頁.

テシスとが方法論上重要な役割をしていました.

ギリシャ語のアナリュシス (*ἀνάλυσις*) とシュンテシス (*σύνθεσις*) とは, アラビア語ではそれぞれタフリール (*taḥlīl*), タルキーブ (*tarkīb*) と言います. *taḥlīl* は *ḥalla* (ほどく, 緩める, 解決する) の第2型 *ḥallala* (分析する) の動名詞で, 化学分析の意味にも用いられています. また *taqsīm* と言われることもあります. *tarkīb* は *rakiba* (乗る) の第2型 *rakkaba* (乗せる, 取り付ける, 組み立てる) の動名詞で, 組み立て, 構造等の意味で, また比例の際にも用いられています.

まずここで, よく引用されるパッポス『数学集成』第7巻の「解析の宝庫」にみえる定義を確認しておきます.

> アナリュシスとは, 求められているものを既に承認されているものと見なし, そこから出発し, そこから帰結するものを辿りつつ, シュンテシスによって承認され得るものに到達する理路である.

この文面からは具体的手順は必ずしも明確ではありません. またエウクレイデス『原論』第13巻命題1~5への古代の注釈にも, アナリュシスへの言及があります. しかしアナリュシスに関する残された数学上の史料は極めて少ないのが現状です. パッポスも『原論』古注もともにアラビア語に翻訳されることはなかったので, アラビアの数学者たちにはそれらからの影響はなかったようです.

他方ギリシャにおいては, 哲学者たちによって様々議論されていたようです. たとえばローマ時代の学者ガレノス (131頃~200前後) は, その『医術』で簡単に言及しています. この『医術』は後にシリア語, アラビア語, ヘブライ語, さらにラテン語にも訳され, ガレノスの作品では最もよく読まれた著作です. まずそこでの議論を見ておきましょう.

イングランドの医師ウィリアム・チェゼルデン（1688~1752）による『オステオグラフィアあるいは骨格の解剖学』（1733）の図版．骨を見つめるガレノス [*3]

ガレノスのアナリュシス

ガレノスは，医学のみならず論理学などにも通じた古代ローマ時代最大の学者の一人です．その『医術』冒頭では，おおよそ次のように述べています．

> すべての教え（デダスカリアイ）は順になっており，それは3つから構成されている．最初は最終目的から導出され，アナリュシスによって行われる．第2はアナリュシスによって発見されたものを合わせることでシュンテシスから生み出すことである．第3は定義の分解（ディアリュシス）からなされ，これを我々は今ここで述べることにする．

[*3] スーザン・P・マターン『ガレノス 西洋医学を支配したローマ帝国の医師』澤井直（訳），白水社，2017 の表紙にも見える．本訳書はガレノスに詳しい．

> この教えは定義の分解と呼ばれるだけではなく，定義の解説とも，あるいはアナリュシスあるいは分割と呼ばれたり，単純化や明示と呼ばれたりする [*4].

ところで，ネストリウス派キリスト教徒で，ギリシャ語からアラビア語への翻訳者であるフナイン・イブン・イスハーク（9世紀）は，数学者フワーリズミーの求めに応じて『医術』を訳しています． このテクストはアラビア語でアナリュシスを論じた初期のものの一つとして重要です．以下の［ ］内は編集者によるとギリシャ語原文にはないということです．

> すべての教えは順に3つの方法からなる．最初は，逆行法（*ṭarīq al-ʻaks*）つまりアナリュシスの方法によるものである．［これは思考するに際し，最終的完成段階で汝が発見し探求しようと務めるものを定め，次に直近の条件——それなくしては何も存在することも，定められることも，達成されることもできない——を調べ，次に，第一のものに達するまでそれに先行するものを調べていくことである．］第2は，シュンテシスの方法によるもので，［その逆は最初の方法〔アナリュシスのことを指す〕を構成する．すなわち，汝がアナリュシスの方法つまり逆行法で達したものから始め，次に，それらのうちの最後のものに達するまで，シュンテシスによってこれらのものに戻り，それらを組み立てるのである．］第3は，定義（*ḥadd*）のアナリュシスによる方法である [*5].

---

*4 Galen, *The Art of Medicine* (tr. by Ian Johnston), Loeb Classical Library 523, London, 2016, p. 157.

*5 Rashed, “La philosophie mathématique d'Ibn al-Haytham II : Les Connus”, *MIMEO* 21 (1993), pp. 272–275. アラビア語訳はギリシャ語原文とは内容が微妙に異なる．

上記 2 種の引用文の後には医術について述べられていますが，この冒頭の箇所はとくに医術に限らず，一般的な学問方法論として述べてられていると解釈してよいでしょう．アナリュシスは最終目的を定め，逆行して第一のものを目指すことです．他方シュンテシスはアナリュシスによって得られたものから始め，最終的完成に至るということです．ただし一つ見慣れないものが加わっています．それはギリシャ語テクストの 3 番目のもので，ギリシャ語では「定義のディアリュシス（*διάλυσις*）」と呼ばれています．英語では dialysis で，今日では人工透析の意味になりますが，ここでは構成物に分解することを指すようです．またそれは解説（*διάπτυξιν*），分割（*διαίρεσις*），単純化（*ἐξάπλωσις*），明示（*ἐξήγησις*）とも呼ばれ，アナリュシスと似たような意味と考えられていますが，『医術』にその説明はなく詳細は不明です．またこの単語は数学では用いられることはないようです．

ファーラービーのアナリュシス

初期アラビアの時代には，ファーラービー（870？~ 950）もアナリュシスとシュンテシスについて述べています．彼はアリストテレスに次ぐ二番目の師という意味で「第二の師」と呼ばれ，影響力がありました．ファーラービーによるアリストテレス『分析論前書』への注釈では，数学に限定したものではありませんが，おおよそ次のようなことが述べられています [*6]．

> 既知のものから未知のものに至る移行には 2 種ある．一つはシュンテシスの方法，もう一つはアナリュシスの方法である．アナリュシスとは，未知のものから考察を始める移

[*6] Rescher によるファーラービーのテクストは参照できなかったので，次の論文から概要を引用． Kwame Gyekye, “Al-Farabi on 'Analysis' and 'Synthesis'”, *Apeiron* 6 (1972), pp. 33-38.

行である．シュンテシスとは，既知のものから考察を始める移行である．

アナリュシスの方法によって未知のものから既知のものへの推論を進めたいのなら，未知のものに関して仮定されたその判断を前提とせねばならない．次に，この判断がどの感覚的事物に適合するかを調べる．それがわかったら，未知のものがその感覚的事物とどこが似ているかを調べる．次に，どの感覚的事物が知覚可能で判断できるのかを調べる．さてそれがわかったら，既知の感覚的事物から未知のものへと必然的に判断が移行される．…

シュンテシスの方法によって既知のものから未知のものへの推論を進めたいのなら，知性が正しいと判断した感覚的事物を調べる．この感覚的事物に適用できる他のものを探す．次に，そのなかでどれが正しいのかを判断する．これができたら，その判断によってそのなかに含まれる今まで知られなかった何かを見出したことになる．したがって，我々に今まで未知であった感覚的事物について正しいという判断が未知のものに移行される．…

以上を見る限り，ファーラービーは論理学の領域でアナリュシスとシュンテシスを論じていることがわかります．

さて，ファーラービーよりも前にアラビアでは，アナリュシスとシュンテシスの議論に取り組んだ数学者が少なからずいます．なかでも最も初期に属するのはサービト・イブン・クッラ (826~901) です．

サービト・イブン・クッラの書簡

今日のイラク北部のハッラーンにいたサービト・イブン・クッラは，バヌー・ムーサー (「ムーサーの兄弟」という意味) に語学力を認められ，バグダードの宮廷に迎えられました．そこでギリシャ語やシリア語から多くの科学書をアラビア語へ翻訳し，さらに自ら独創的な作品を生み出し，初期アラビアで最大の数理科学者となりました．彼は宰相を多く排出したワフル家とも親交があり，そのうちの一人と書簡を交わしています．ここでは，その人物をイブン・ワフル（ワフル［家］の息子）と呼ぶことにします[*7]．

サービト・イブン・クッラの時代のアラビア世界は，アッバース朝によりすでに統一されて久しいのですが，それでもイスマーイール派やカルマト派など，政権と対立する宗教グループが暗躍し，不安定な時代でもありました．その中で，イスラームの正統性を守るため異端者の主張を論駁する必要がありました．それにうってつけの道具と考えられたのがアリストテレスの論理学や哲学です．実際サービト・イブン・クッラはワフル家の一員のカーシムの要請で，アリストテレス『形而上学』をアラビア語で要約し献上しています．そのタイトルは『説得ではなく論証を用いて，アリストテレスがその「形而上学」で示したことに関する簡便な解説についての，サービト・イブン・クッラの論考』です．またカーシムの兄弟であるアブル＝ムハンマド・ハサンは『原論』の注釈書『エウクレイデス比例論の難点解説』を残しています．このようにワフル家は学識ある家系でもあったようです．

さて，イブン・ワフルとサービト・イブン・クッラとは，幾何学の方法について書簡を通じて議論しています．ここでは前者から後者への書簡の内容の概略を示しておきましょう．

そこでは『原論』の記述形式が問題にされています．『原論』では理解が容易なように命題が順を追って並べられています．ある命題は前に，また他の命題は後にというようにです．ここで，エ

[*7] このイブン・ワフルは，本文以下のアブル・フサイン・カーシム・イブン・ウバイドゥッラー（次頁の本文ではカーシムとしておく）と考えられるが，確かではない．サービト・イブン・クッラとワフル家の関係については次を参照．Rashed (ed.), *Thābit Ibn Qurra*. とくに pp. 713–725.

ウクレイデスは順序など説明形式を重要視しているとカーシムは考えました．さらに彼は，このことはたしかに幾何学の初心者にはたいへん有効ですが，しかし熟練者にとってはもはやふさわしいものではなく，彼らには命題の順や公理論的方法というよりも，発見の方法こそが必要と言うのです．そして，『原論』の公理論的構成に精通した者が新しい命題を発見するには，どのような方法があるかを尋ねています[*8]．

サービト・イブン・クッラによるその返書は，「幾何学的問題の作図を決定するに至る方法について」という題をもつ書簡で今日残されていますので，次にそれを見ておきましょう．

彼はまず幾何学の研究対象を3つに分けます．(1) 器具を用いての作図，(2) 未知の大きさに言及した命題（たとえば辺の知られた三角形の面積），(3) 対象の性質についての一般的言明（たとえば三角形の角の和は2直角）．彼はここで，最初のタイプはあとの二つを仮定するが，その逆は言えないと注意しています．

その後3つの前提を提示します．「証明なしに認められるもので，各々の図形の本性を示す定義」，「第一の知識と呼ばれうる共通概念」（公理），そして「要請」（公準）です．これら諸前提を明確にしてようやく必要な概念を獲得することができると言います．その後は原文を見ておきましょう．

> 次に，解きたいと思う問題の各々の条件が必要とすることは何かを検討する．それらは問題のタイプとそれに加えた特性とに関係し――いかなる問題に対しても，ある事が仮定され，それが実際に存在し，それを探すべきである――，議論において条件全体が満たすある条件なのである．こうして，それら条件の一つでも用いられることができないのなら問題は解けないであろう．問題のための条件をすべて

*8　Rashed, *op.cit.*, pp. 9–10.

> 用い，各問題に必要とされているものは何かを完全に特定しなければならない．探しているものが得られれば，それでよい．そうでなければ，問題によって到達できる事柄をあたかも求めるべき結果であるように取る．それらを探すべき最初のところに置き，次いで，それらを調べながら，前に述べたのと同じ道筋をたどる．知りたい事柄を知るようになるまで，この過程を一つずつ繰り返していく *9．

この方法にサービト・イブン・クッラは名前をつけてはいませんが，これはアナリュシスのことを指すものと考えられます．名前に言及しなかったのは，まだ彼の活躍したアラビア数学初期の時代にはギリシャのアナリュシスに関する議論はアラビアには十分浸透していなかったからかもしれません．

以上の導入を述べたあと，サービト・イブン・クッラは，一つの角が他の二つの各々の角の 2 倍となる三角形を作図する問題の例をあげ説明しています．上で述べたように，最初は作図が問題となり，そのためには作図すべき対象の性質を知らねばなりません．すなわち三角形の性質を検討しているのです．サービト・イブン・クッラはさらにこの方法は「すべての論証的学問」にも適用することができると述べています．つまり数学以外の学問への適用を示唆しているのです．

アナリュシスとシュンテシスの議論は，サービト・イブン・クッラの孫イブラーヒーム・イブン・シナーンに受け継がれ，それは『幾何問題におけるアナリュシスとシュンテシス』で発展していきます．この主題に初めて全面的に立ち向かい，考察を

*9 アラビア語テクストと仏訳，英訳がある．Roshdi Rashed, *Les Mathématiques infinitésimales du IXe au XIe siècle*, IV, London, 2002, pp. 742–765 Roshdi Rashed, *Ibn al-Haytham's Geometrical Methods and the Philosophy of Mathematics*, London, 2017, pp. 581–589.

加えた重要な作品です [*10]．こうして 10 世紀中頃には，この問題は数学者の間でにわかに議論の的になり，継承展開されていきます．なかでもシジュジー，イブン・サフル，クーヒーなどの数学者は，アナリュシスとシュンテシスの方法を自らの数学論考の中で存分に利用しています．次に，そのうちのシジュジー（10 世紀後半）について簡単に触れておきましょう．

シジュジーのアナリュシス

シジュジーは幾何学に精通した者に発見の方法を説明するため，『幾何学的命題の導出を容易にする方法についての書』(980 頃）を著し，その冒頭で次のように述べています [*11]．

> 研究者がそれらを知り習得すれば，どのような幾何学的命題でも容易に導出することができるようになる諸規則を枚挙しよう．方法と道筋とをいくつか言及し，研究者がそれらに従えば，知性によって命題を様々導出できるようになる．

そして彼は発見の方法として，命題を変形することなども一つの方法であると説明したあと，アナリュシスとシュンテシスの説明に移ります．

> 次のことに従えば，もう一つの方法は研究者には容易となろう．作図が目的と考えるなら，あたかもすでに作図され

*10　次を参照．拙稿「イブラーヒーム・イブン・シナーン」，数学セミナー編集部『100 人の数学者』，日本評論社，2017，30–31 頁．

*11　Jan P. Hogendijk, *al-Sijzi's Treatise on Geometrical Problem Solving*, Tehran, 1996, p. 1, 4.

たと仮定し，また性質を探求しようと考えるなら，それが正しいと仮定しておく．その後，一連の前提や相互に関係付けられた前提によってそれを解明し，正しく真の前提あるいは間違った前提に至ることで終わる．もし正しい前提で終わるなら，示したいことが達成されたのであり，もし間違った前提で終わるなら，そのことは示したいことが存在しないことを意味する．これは，逆で [*12] アナリュシスと呼ばれる．この方法は他の方法よりもより一般的に使用される．

そこであげられているアナリュシス例の一つを，ギリシャ数学史研究者バーグレンとヴァン・ブルムレンに従って現代的に述べると，次のようになります [*13]．

二つの三角形（△ ABD と△ ABG）が一つの角（∠A）を共有するとき，残りの角の和は互いに等しい．

結論つまり ∠ABG + ∠AGB = ∠ABD + ∠ADB が正しいと仮定する．すると ∠GBD + ∠GDB = ∠AGB となる．両辺に ∠ABG を加えると，前提が出てくる．以上がアナリュシスで，次にシュンテシスがくる．GB に平行に DE を引く．そして AB を E で DE と交わるように延長する． すると ∠BDE = ∠DBG，∠EDB + ∠BDG = ∠EDG．よって ∠BDG + ∠DBG = ∠BGA．こうして前

*12 「逆の」は *bi-al-‘aks* で，もとのギリシャ語は *ἐναλλάξ*．先のガレノスのアラビア語訳と同じく，ここでもアナリュシスはアラビアでは「シュンテシスとは逆の方法」と理解されていたようである．

*13 J. L. Berggren and G. Van Brummelen, "The Role and Development of Geometric Analysis and Synthesis in Ancient Greece and Medieval Islam", Suppes, P., Moravcsik, J., Mendell, H. (eds.), *Ancient & Medieval Traditions in the Exact Sciences: Essays in Memory of Wilbur Knorr*, Stanford, 2000, pp. 1–31.

提は正しい．

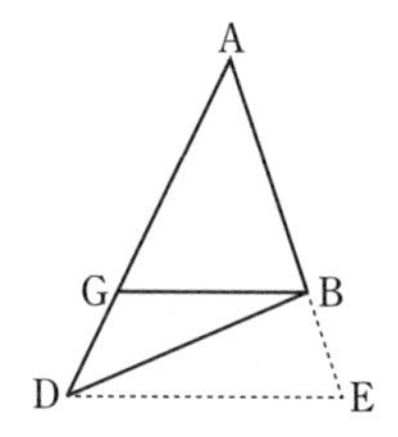

その後のアラビアにおけるアナリュシスとシュンテシスの展開を概観しておきましょう．

その後の展開

ギリシャとは異なり，アラビアではこれらアナリュシスとシュンテシスについて数学者の間で公然と議論され，それらについての作品が残されています．ここで指摘しておくことは，以上で取り上げた数学者は幾何学者の部類に属し，代数学で名を残した者は少なかったことです．こうしてギリシャ以降，ギリシャ幾何学は，場所を変えこの10世紀頃のアラビア世界において再び開花し，さらに発展し，隆盛を極めたと言うことができます．ギリシャ幾何学はギリシャ世界で終わったのではないのです，

他方でアナリュシスの方法は代数学者にも取り入れられました．求める数を未知数と置き，方程式を立て，問題解決に至るという操作は，実はアナリュシスそのものであるという認識です．それはサマウワル（?~1174）に見ることができます．また，オマル・ハイヤームも，アナリュシスは方程式を立てること，他方シュンテシスはそれを幾何学的に証明することと明確に捉えています．12世紀以降アラビアでは，「代数学＝アナリュシス」という認識が出来上がったのです．しかしこの認識は当時西洋中世には伝えられることはなく，西洋はアラビアとはおそらく

独立して，16 世紀になってようやくその認識に達します．ただし西洋とアラビアの方法との異なる点は，後者には記号法が用いられなかったことです．

アラビアでは幾何学者，代数学者のみならず，先に述べたファーラービーをはじめ哲学者も積極的にこの題材に取り組んでいます．そしてアラビアにおけるアナリュシスとシュンテシスの議論をまとめあげたのが,「アラビアのアルキメデス」と呼びうるイブン・ハイサム (965~1041) の『アナリュシスとシュンテシス』です．

アナリュシスとシュンテシスは，狭義の数学のみならず，さらに音楽，天文学にも適用され議論されていく点で，ギリシャを超えたアナリュシスのアラビア的展開が見られます．アラビアでは数学そのものだけではなく，数学の形而上学あるいは数学の哲学が盛んに議論されたのです．確かにギリシャでも数学の哲学は議論されてはいましたが，それはプラトンなどの伝統下における哲学的議論 (連続概念や共通概念についてなど) です．他方アラビアでは，以上のように主として数学研究の方法が議論され，この点でもギリシャとアラビアとは異なり，アラビア数学の方法は，ギリシャとは別に独自の展開を見せたのです．

第17章

イフワーン・サファーの数学

中世アラビア数学は17世紀西洋数学に肩を並べるほど高度に展開していたことが今日知られています．しかしそれはごく一部の先端的「数学者」の業績でしかありません．他方，専門家ではない一般人の数学知識はどれほどのものであったのか，それに関する情報はあまり多くはありません．今回は，10世紀アラビア世界の特殊な集団における数学的知識を見ておきましょう．その前に，9~12世紀頃のアラビア世界における最先端の数学を素描しておきます．

9世紀には，フワーリズミーやアブー・カーミルによってアラビア代数学が開始されます．同じ頃ギリシャ数学が大規模にアラビア語に翻訳され，なかでもギリシャ数学を取り入れたサービト・イブン・クッラの多方面の活躍は顕著なものです．次の10世紀は，アラビアにおけるギリシャ数学の展開と位置づけられます．クーヒー，イブン・サフル，ハージンなどが，アルキメデスやアポロニオスの成果をさらに押し進めていきます．さらにウクリーディシー，アブル＝ワファー，ビールーニーなどギリシャ系統ではない，アラビア独自やインド系統の作品を残した数学者もいます．11世紀にはアラビア数学最大の数理科学者の一人イブン・ハイサムが出て，ここでギリシャ数学は乗り越えられたと言えるでしょう．この頃までバグダードやカイロなどがその研究の中心でしたが，これ以降，中央アジアやイベリア半島，北アフリカにも数理科学研究の拠点は移っていきます．

イフワーン・サファー

さて，10 世紀頃イラク南部のバスラを中心に活動していたと考えられる思想集団がイフワーン・サファー（定冠詞を付けるとイフワーン・アッサファー Ikhwān aṣ-Ṣafā' *1）です．イフワーンとはアラビア語で兄弟団，サファーとは清浄という意味なので，イフワーン・サファーは「純血兄弟団」「清純同胞団」「純正同胞団」などと訳されることもあります．このイフワーン・サファーは秘密結社的なところがあり，実のところ詳細は不明ですが，イスラームの中でもシーア派に属するイスマーイール派に関わっていたことがその思想内容から推定できます *2．

イスマーイール派が書き残したものは外部には知られていませんが，霊魂の救済を目指したイフワーン・サファーの唯一の作品『書簡集』は例外で，今日まで 100 点近くの写本が残されています．フワーリズミーの代数学の現存写本数が 6 点ですから，桁違いに読まれていたことがわかります．

---

*1　アッサファーの定冠詞は，サファーの語頭 ṣ が太陽文字なので，ローマ字化するとき，aṣ-Ṣafā' と表記される．

*2　イフワーン・サファーについては次を参照．Netton, I.R., *Muslim Neoplatonists. An Introduction to the Thought of the Brethren of Purity*, Edinburgh, 1991.　イスマーイール派の科学については次が基本文献．Seyyed Hossein Nasr (ed.), *Ismāʿīlī Contributions to Islamic Culture*, Tehran, 1977; idem, *Islamic Cosmological Doctorine*, Bath, 1978.

『書簡集』の内容

『書簡集』(*Rasā'il*: 単数形は *risā'la*) は実際には書簡の集まりではなく，各章はたいてい「わが兄弟よ (*ya akhī*) …，知りたまえ」という言葉で始まりますので，イスマーイール派の思想教書と考えてもよさそうです．ラサーイルは論文も意味するので『論考集』と訳されることもあります．

『書簡集』のアラビア語テクストは，1957 年ベイルートで 4 巻本（ベイルート版）として刊行され，従来研究の多くはそれに基づいてきました [*3]．

ベイルート版 (1956) 表紙

現存最古の写本は書かれてから 200 年以上も経過した 1182 年に筆写されたものです．しかも現存写本の多くには相違や付加や重複が見られ，写本相互の関係ははっきりせず，それらを整理し原形を復元することはもはや不可能であるとまで研究者

[*3] Mustafâ Ghâlib (ed.), *Rasâ'il Ikhwân al-Safâ' wa Khullân al-Wafâ'*, 4 vols.,1957, Beirut. ただし批判的に編集されているわけではなく，使用されたテクストがどこの所蔵のものかも記されていない. 以下，ベイルート版と言及.

の間で言われています*[4]．しかしこのほどロンドンのイスマーイール研究所を中心に，オックスフォード大学出版会からシリーズで『書簡集』のアラビア語テクストとその英訳の刊行が開始されました（イスマーイール研究所版）．数学（書簡 1~2），天文学（書簡 3），地理学（書簡 4），音楽（書簡 5），論理学（書簡 10~14），自然学（書簡 15~21），動物学（書簡 22），魔術（書簡 52 A）などが出版され，数学（算術と幾何学）は次のものです．

- Nader El-Bizri (ed. trans.), *Epistles of the Brethren of Purity. On Arithmetic and Geometry. An Arabic Critical Edition and English Translation of EPISTLES 1 & 2*, Oxford, 2012.

この書物はテクスト編集と訳文において問題が多いとの指摘がなされていますが*[5]，現行ではともかくも一番便利な資料なので，以下ではこれを参考にしてイフワーン・サファーの数学の内容を概観していきます*[6]．

---

*[4] なお一部のドイツ語，英語，ウルドゥー語，ペルシャ語への翻訳もある．なかでも，すでに 19 世紀にドイツ語に抄訳された次のものが従来の研究基本文献であった．Friedrich Dieterici, *Die Philosophie der Araber im X. Jahrhundert n. Chr. aus den Schriften der Lauteren Brüder*, 8 Bde., Leipzig, 1858–1872.

*[5] アラビア科学史家ソーニャ・ブレンチャスの書評参照．*Isis* 105 (2014), pp. 211–212. そこでは各頁に誤りが数点あると手厳しい批判がなされている．しかしブレンチャス自身「算術」を独訳（次注参照）していることもあり，多くは専門家向きの批判であり，本章では概説を述べるのでさほど問題ないと考える．

*[6] なおベイルート版とイスマーイール研究所版，さらにカイロ版もあり，構成などに相違があり，どれを使用するかで記述内容が異なることに注意．算術の部分のみ，カイロ版からの英訳，Goldstein, B.R., "A Treatise on Number Theory from a Tenth-Century Arabic Source", *Centaurus* 10 (1964), pp. 129–160, またブレンチャスによるドイツ語訳（1984）がある．

『書簡集』は4部門51書簡から成立し[*7]，さらに書簡は章に別けられています．冒頭に全体の目次（ページ数はない）が付けられているのは当時としては珍しく，それはおそらく教育を目的としていたからと考えられます．ここで問題としたいのは，第4部門のうちの第1~2書簡（算術と幾何学）です．

第4部門
　数学的なもの（全14書簡）
　物体的で自然的なもの（全17書簡）
　霊魂的で知性的なもの（全10書簡）
　神的律法とシャリーアについての知識（全10書簡）

「数学的なもの」はそれ以降の準備として位置づけられ，この順に，

数学 ⇒ 自然学 ⇒ 人間学 ⇒ 啓示宗教

という段階で百科的知識が説かれています[*8]．では続いて「数学的なもの」を見ていきましょう．

---

*7　第4部門 第3部「霊魂的で知性的なもの」には和訳があり，本章では，菊池達也氏によるその解説や訳文も参考にした．「イフワーン・アッサファー　書簡集」(菊池達也訳),『中世思想原典集成』第11巻, 平凡社, 2000，197-262頁．『書簡集』が51（51=17×3）から成立し, 第2部門が17書簡から成立することなど, 17は古代オリエントでは神秘的意味合いを含むとされている．古代オリエントにおける17の重要性については次を参照．フランツ・カール・エンドレス著・アンネマリー・シンメル編『数の神秘』(畔上司訳), 現代出版, 1986, 180-181頁．52番目の書簡は後世の付加と考えられる．

*8 『書簡集』を含むイスラームにおける百科全書については次を参照．岡崎桂二「アラブ・イスラム文化における百科全書の思想」,『アラブ・イスラーム研究』9（2011），57-77頁．

「数学的なもの」

1. 算術
2. 幾何学
3. 天文学
4. 地理学
5. 音楽
6. 比と比例
7. 学術とその対象
8. 実践学とその対象
9. 預言者や賢者の教えから引き出された，風習とその原因，顕著な不幸

10-14.『範疇論』などさまざまな論理学の意義

ここで「比と比例」では，それらの音楽，作詩法，書道，絵画，錬金術（硫黄と水銀との配合の割合など），医学（火，土，水，空気の4原質の割合による健康状態など），薬学（薬の配合）への応用に言及されています．

全体的にイスマーイール派はピュタゴラス主義と新プラトン主義を取り入れ，ギリシャ思想に拒否感がなかったことが知られています．したがってアラビアの本来の伝統的学問，つまり「固有の学問」（法学，神学，書記術，詩学など）だけではなく，ギリシャ由来の「外来の学問」と呼ばれる分野（哲学，論理学，医学，算術，幾何学，音楽，天文学，機械学，錬金術）も書簡内容に含めています．というよりも，それら「外来の学問」が「数学的なもの」に含まれているので，『書簡集』におけるそれらの重要性が見て取れます．以下では「数学的なもの」のうちの第1,2書簡を見ていきます．

算術

算術があらゆる学に優先され，冒頭に置かれ，次の言葉で始まります．

> おお，敬虔で慈愛にあふれる兄弟よ――アッラーがわれらとそなたをその精霊によって助け給わんことを――，次のことを知りたまえ．この世に存在する存在物，つまり単純あるいは複雑な実体，属性，抽象的実在に関するあらゆる学問を研究すること，それらの原理，そして種類や性質の数を探求すること，そして同様に唯一の創造主――その尊大さが高められんことを――により一つの原因，一つの起源からそれらが生成し成長する過程を探求することが，われら気高い兄弟――アッラーによって助け給わんことを――の流儀であることを．ピュタゴラス派が常としたのと同様に，それらはこれらの証明を数的類推と幾何学的証明に依存する．それゆえ，われらは他に先行し算術と呼ばれるこの書簡を置かねばならず，数とその性質の学問に属する重要な事柄をそこで述べなければならない．哲学と呼ばれる智慧を初心者が獲得できる道筋が容易になるよう，またその獲得が数学的諸学 [*9] を研究するさい初学者によりたやすくなるよう，序文と序章でそれを示しておこう．
>
> こうして，哲学の最初は諸学問への愛であり，その中間は人間能力による存在物の真の本性の知であり，最後は知と調和した言葉と行為なのである [*10].

これ以上の引用は必要ないでしょう．この箇所だけで『書簡

---

*9 *al-'ulūm al-riyādiyya*. 本来は「訓育的諸学問」.

*10 El-Bizri, *op.cit.*, pp. 65–66.

集』における数学（算術と幾何学）の役割と内容とが想像できます．それは今日通常理解する数学とはきわめて異質で，きわめてピュタゴラス主義的神秘的な数学なのです．

さて次に哲学的諸学の説明が来ます．それは数学的諸学，論理学，自然学，神学で，この数学的諸学は算術，幾何学，天文学，音楽から成立し，これらは先に述べた「外来の学問」に対応しています．

最初は算術の書簡ですが，算術といっても計算法ではありません．

まず，数が，単数・複数，自然数・分数，偶数・奇数はもちろん，完全数・不足数・過剰数など様々に分類されます．次に，平方・立方などの説明があります．想像されるように，そこでは単位である 1（*wāhid*）が重要な役割をします．実際的意味では，1 は分割できないものを示し，「1 は，それが 1 である限りにおいて，それ自身以外にありえないもの」とされ，イスラームにおける重要概念である「神の唯一性」と 1 とが対比されています．さらに隠喩的意味では，「多は 1 の集まり（*jumla*）」であり，ギリシャ数学と同様に，1 は数ではなく，「2 が最初の数である．というのもそれは 1 の多であるから」．数字はアラビア数字（今日の東アラビア数字）で説明されますが，奇妙なことに，そこにゼロの説明はまったくありません．数学の手法的説明ではなく，数の存在論的象徴的意味を中心に論じられているのです．

「エウクレイデス『原論』第 2 巻の諸命題について」の章は，幾何学ではなく算術に含まれ，最初の 10 命題を算術的に扱っています．たとえば次のように．

> 2 数が与えられ，そのうちの一つが任意個に分けられると，2 数の積は，分けられていない数と分けられた数すべてとの

積の双方の和に等しいい[*11].

たとえば，$n=a+b$, $m=c+d$ のとき，$n\times m=n\times(c+d)+m\times(a+b)$ を示しています．第 2 巻のこの解釈は，数学史的には「幾何学的代数」と呼べるもので（ただし代数を用いているわけではない），第 2 巻の算術的解釈が当時すでに一般的であったことを物語ります．第 2 巻の残りの 4 命題は代数的に解釈すると 2 次方程式解法と関係するので，省かれています．イフワーン・サファーはエウクレイデス本来の幾何学的証明を試みてはいません．というより，数学の全編を通じて証明はなく，具体的事実関係に関心があったようです．

その後具体例をあげ，その際に本文では数は数詞を用いて表していますが，「本論考で我々がインド数字で示した例は，精神力の弱い初学者のためであって，理解力が高い者にはこれらの例は必要ない」と述べています．

٢ ٤ ٦ ٨ ١٠ ١٢ ١٤ ١٦ ١٨ ٢٠

ب د و ح ي يب يد يو يح ك

右から 2 から 20 までの偶数．上はインド数字由来の東アラビア数字，下はそれに対応するアラビアの文字数字であるジュンマル数字（出典：ベイルート版 21 頁）

分数（*al-kusūr*）は通常のアラビア語数詞で示され，表記法は 3 種あります．

*11　El-Bizri, *op.cit.*, pp. 92–93.

- 1 から 10 までのアラビア語数詞

  例）1/4 は *rub'* で，4（*arba'*）に由来（語根 RB' が同じ）

- 11 以上の，分母が合成数の場合：「分数の分数」

  例）1/15 は「1/5 の 1/3」(*thulth al-khums*)

- 11 以上の，分母が素数の場合：「～の部分（*juz'*）」

  例）1/11 は「11 の部分」(*juz' min* 11)

さらに，ジュンマル数字でも示すことが出来ると説明しています．当時分数表記は，このジュンマル数字による記数法が普及していたことを示すものです．

ب ج د ه و ز ح ط ي

نصف ثلث ربع خمس سدس سبع ثمن تسع عشر

يا يب يج يد يه

جزء من ١١ نصف السدس جزء من ١٣ نصف السبع ثلث الخمس

ジュンマル数字による分数表記.（1 行目は右から，1/2 から 1/10 までのジュンマル数字，2 行目は 1/2 から 1/10 までのアラビア語数詞，3 行目は 1/11 から 1/15 までのジュンマル数字，4 行目は 1/11 から 1/15 までのアラビア語数詞．ただし 4 行目の表記は，11 の部分，1/6 の半分，13 の部分，1/7 の半分，1/5 の 1/3（出典：ベイルート版 51 頁）

大きな数表記に関する興味深い記述があります．

> 我が兄弟よ．次のことを知りなさい．数の段階は，以前述べたように，人々においては 4 つの段階のもとにある．ピュタゴラス派の人々においては 16 の段階がある．

人々においてはとは1,10,100,100でしょう．ピュタゴラス派の人々においては，1から始まり，10,100,1000 …と続き，10^{15}（1000の1000の1000の1000の1000と表記し，ピュタゴラス派はマールーと呼ぶという）までの16個の数を具体的に示しています．ただしこの起源は不明です．

最後の章では，算術が自然学に，さらにそれが神学に，そしてより高く霊魂の知へと導かれることが示され，クルアーンが引用されています．

算術の次の書簡は幾何学で，次にそれを見ておきましょう．

幾何学[*12]と実用

幾何学は大きさ（今日的には次元を示し，線，面，立体），量，距離とそれぞれの性質を扱うものと述べられ，感性的幾何学（*handasa hissiyya*）と知性的幾何学（*handasa aqliyya*）の2種に分けられています．感性的幾何学は大きさを知ることで，感覚に依存し，見えるもの触れられるものを対象とします．ここでは様々な図形や線が紹介されています．

面白いのは面の分類です．そこでは，卵型，三日月型，松の実型，インド産アーモンド型，楕円，太鼓型（2重凸型），オリーブ型の図形が紹介されていますが，そのうちのいくつかは，図を見る限り区別がつきません．

*12　ここでは *jūmatrīyā*．これはギリシャ語（*γεωμετρία*）の音訳に由来．しかし本文では，幾何学をペルシャ語に由来する *handasa* と呼んでいる．

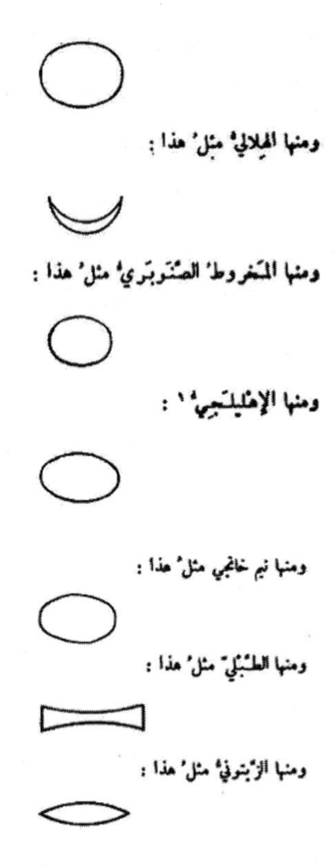

7 つの面（出典：ベイルート版 92–93 頁）*13

また，「多くの動物は，教えられることなく本性的に制作に従事する」として 2 例をあげています．まずハチの巣の例では，ハチは空気が入らぬように，また蜂蜜が悪くならぬよう，完全なる智慧により隙間なく六角形の巣を作るとしています．次にクモの巣の例では，糸を直線状に張り，他方で縫い目は円形にして，突き刺さるような風を避けるとしています．このように比

*13　楕円の図は欠損しているので補った．3 番目の松の実型は，El-Bizri 版では の形をしており他と区別できる（El-Bizri, *op.cit.*, p. 100)．

喩を用いてわかりやすく説明するところも『書簡集』の記述の特徴で，非専門家にも容易に理解できるように工夫されています．

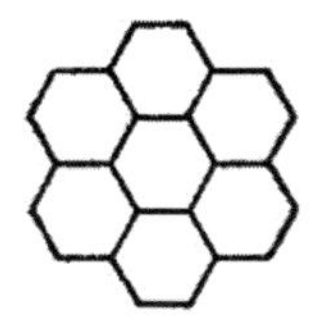

وهكذا العنكبوتُ تَنسِجُ شبكَتَها في زوايا البيت والحائطِ شفقةً عليها
- من تخريق الرياح لها ، وتمزيق حبلِها. وأما كيفية نسجِها فهو أن تمدَّ سداها؟
على الاستقامة ، وخيوطَ لُحمتِها على الاستدارة ، لما فيه من سُهولة العملِ ،
وهذا مثالُ ذلك :

ハチの巣とクモの巣（出典：ベイルート版 96 頁）

測量術（*misāḥa*）の章にはかなり具体的な内容が含まれています．それは建築家，測量士，農夫，村長，土地所有者などに有益で，税計算，水路掘削，道標設置などに用いられるとされています．さらにイラクで実際に用いられている測量単位と換算率も具体的に示され，『書簡集』は単に理念的な事柄を示すだけではなく，現実生活への応用も重視しています．

「人の共同作業の必要性」の章では，幾何学とはあまり関係ない話が登場します．「人生は短く，術は長し」[*14] と言われ，一人ですべての術を習得することなどとうてい出来ないので，町

[*14] ヒポクラテスが述べたとされる *vita brevis, ars longa* のアラビア語訳（*al-ʻumr qaṣīr waʼl-ṣanāʼiʻ kašīra*）が引用されている．

や村では人々は集まり，互いに助け合わねばならぬことに言及しています．つまり同胞における協力体制を暗示しているのです．

知性的幾何学

知性的幾何学は，知性によってのみ把握できる長さ，幅，深さというような大きさを対象とします．このことによって事物は抽象され，たとえば面は長さと幅をもつと理解されるようになります．この場合，点とは２線の交わりとされ，この点の運動が線を生むとされます．線，面，立体という大きさは，物体の形相として存在し，こうして幾何学の習得によって，物体的な実在から解き放たれ，精神が自由になることができ，魂と神の知に至るというのです．

最後に算術と幾何学との結合としての魔方陣が扱われます．といってもその作成法には言及されず，３×３から９×９までの魔方陣がいくつか具体的に紹介されているにすぎません．

٤٧	١١	٨	٩	٦	٤٥	٤٩
٤	٣٧	٢٠	١٧	١٦	٣٥	٤٦
٢	١٨	٢٦	٢١	٢٨	٣٢	٤٨
٤٣	١٩	٢٧	٢٥	٢٣	٣١	٧
٣٨	٣٦	٢٢	٢٩	٢٤	١٤	١٢
٤٠	١٥	٣٠	٣٣	٣٤	١٣	١٠
١	٣٩	٤٢	٤١	٤٤	٥	٣

7×7の魔方陣（和は 175．出典：ベイルート版 111 頁）

この魔方陣は，護符として陶器の上に描かれ，それを妊婦の真上に掲げると，分娩が楽になると述べられて，その他の効用は第 52 書簡「魔術」で説明するとしています．魔方陣はアラビア世界では護符として頻繁に用いられ，したがって魔方陣の研究は盛んでした．

末尾は次の言葉で締めくくられます．

> 感性的幾何学の研究は様々な術の腕を磨き，他方，知性的幾何学の研究と数と図形の知識とは，天体が下界の自然界に影響を与えるその仕方を得るのに，また聞く者の魂に音が如何に影響するかを理解するのに役立つ．これら二つが影響を与える方法を研究することは，霊魂が生成消滅世界で肉体を付与された魂に影響を与える仕方を知るために必要である．知性的幾何学を研究する者は，アッラーの助けと導きとによって，その知に到達する方法を得る [*15]．

『書簡集』と数学

『書簡集』が影響を受けた数学作品は，ニコマコス『算術入門』，エウクレイデス『原論』，さらに他の箇所ですがプトレマイオス『アルマゲスト』などです．これらはすでにアラビア語訳され，当時広く知られていました．

ところでアレクサンドリアの学問はやがてシリアに移植されます．2 世紀頃にはゲラサ（現在ジャラシュと呼ばれヨルダン北部の都市）出身のニコマコス（60 頃~120 頃）が『算術入門』を著しています．8 世紀初め頃にはアンティオキア，さらにハッ

*15　El-Bizri, *op.cit.*, pp. 159–160.

ラーン（現在トルコ南東部）が学問の中心になります．

さて『算術入門』はハビーブ・イブン・バフリーズによってすでに存在していたシリア語訳（8世紀末から9世紀初頭に訳された）からアラビア語に訳され，さらにそれとは別個にサービト・イブン・クッラによってギリシャ語から直接アラビア語に訳されました．このサービト・イブン・クッラの属するサービア教は星辰崇拝信仰で，ハッラーンを中心に広がっていました．サービア教はまた，事実とは異なりますが，ピュタゴラスをその地出身の賢者の一人とみなしていました．ゲラサもハッラーンも，さらにアンティオキアも当時はシリア文明圏にあったのです．ギリシャ数学がこのシリア文明を通じてピュタゴラス主義的に変容され，『書簡集』に採用されたのかもしれません．

ところで最近，第1書簡「算術」の執筆者を同定したとの研究が発表されました*16．ペルシャ人学者アフマド・イブン・タイイブ・サフラシー（?～899）です．ホラーサン生まれ（フワーリズミーと同郷）で，イラクに向かい，そこで「アラブの哲学者」キンディーの弟子となりギリシャ哲学を学んだとされます．彼はまたすでに存在していたニコマコス『算術入門』のアラビア語訳を改訂したということです．その改訂版と『書簡集』との文体を比較などして同一人物であると推定されたのですが，さらに検討が必要かもしれません．

*16　Guillaume de Vaulx d'Arcy, "Ahmad b. al-Tayyib al-Sarakhsî, réviseur de l'Introduction arithmétique de Nicomaque de Gérase et rédacteur des Rasâ'il Ikhwân al-Safâ'," *Arabic Sciences and Philosophy* 29 (2019), pp. 261–283.

シリア文明圏の地図（国境は今日のもの）

『書簡集』冒頭が，算術と幾何学をはじめギリシャ的「数学」（今日のものとは異なる）であることは，イスマーイール派において，他ならぬこの「数学」が重要視されていたことを物語ります．もちろんこの「数学」は『書簡集』の最終目的ではなく，それは後半部への準備として位置づけられています．しかし『書簡集』がこの初等的数学のシーア派内での普及に貢献したことは否めません．

もう一つ指摘できることは，本書は百科的内容を含むとはいえ，そこに代数学の記述が欠如していることです．アラビア数学といえば代数学をすぐに想起でき，フワーリズミーなどの作品は広く知られていましたが，『書簡集』では代数学はまったく論じられていません．唯一の言及は，算術の「乗法，根，立方根，そして代数学者たちと幾何学者たちとが使用した用語とその意味」という章に見られる，「代数学者（*al-jabriyyūn*）たち」という単語だけです．もちろんディオファントスにも言及はありません．実践的代数学はまったく彼らの関心外であったのでしょう．つまり代数学では，人間霊魂の救済へと至る道は開かれないという理解なのです．他方測量術の章では，応用面に注目して記述されていました．この応用の記述はまたフワーリズミーやカラジー*17 など，代数学者たちの作品にも見られますので，イフワーン・サファーが代数学を取り上げなかったのは不思議です．むしろ代数学をあえて忌避していたのかもしれず，すると代数学を抜きにした様々な数学が存在していたということになります．もちろん『書簡集』が執筆された頃はまだ代数学が十分に浸透していなかったことも代数学への言及が少ない理由かもしれません．

イフワーン・サファーの数学が，中世アラビア世界での一般的な数学理解を示しているのでは決してありません．その集団は極めて特殊な宗教思想集団であったからです．またその『書簡集』には，数学にとっては基本的とみなされる計算法も証明法も記述されておらず，用語の定義と解説が含まれるだけです．しかしその簡潔な記述によって，『書簡集』は現存写本数から判断して広範に受け入れられ，それによって数学概念の普及と教化に貢献したことは確かでしょう．アラビアでは，高等数学が展開していくまさしくその同じ時代に，魂の救済に向けたピュタゴラス主義的な神秘的数学が存在していたのです．このようにアラビア数学には色合いの異なる様々な「数学」が共存していたことがわかります．

*17　アブ・バクル・ムハンマド・イブン・ハサン・カラジー（953 頃~1029 頃）はペルシャ人の数学者･技術者．フワーリズミーの代数学を発展させ，またカナート（地下水路）技術者として著名であった．

第18章

イブン・ハイサム生誕1050年記念

2015年は小平邦彦生誕100周年記念の年にあたります．歴史上重要な業績を残した人物に関しては，このように〜周年記念の行事が行われるのが普通です．ではこの2015年は他に生没年で記念すべき数学者はいるのでしょうか [*1]．

生誕で言いますと，200周年の3人がいます．

ブール	(1815~1864)
ヴァイヤーシュトラース	(1815~1897)
福田理軒	(1815~1889)

没年ですと，没後300年の重要な人物が一人います．

渋川春海	(1639 ~ 1715)

しかし，ともに数少ないので，50周年も考慮に入れますと増えてきます．

生誕ですと，

---

*1 本章は『現代数学』2015年7月号に掲載された．

イブン・ハイサム	(965~1040 頃)
ルッフィーニ	(1765~1822)
ラクロワ	(1765~1843)
アダマール	(1865~1963)

没年ですと，

フェラーリ	(1522~1565)
フェルマ	(1607 [*2]~1665)
ハミルトン	(1805~1865)

今回は，以上の中でもあまり知られていない，しかし重要な，イブン・ハイサムを取り上げてみましょう．イブン・ハイサムの生誕 1050 年記念です．ところで 1970 年前後には，生誕 1000 年を記念していくつかの国では記念切手が発行されました．カタール (1971) の切手には，肖像とコンパスや砂時計が見え，パキスタン (1969) のには，幾何光学の図版が見えます [*3].

イブン・ハイサムとは

イブン・ハイサムとは，アブー・アリー・アル=ハサン・イブン・アル=ハサン・イブン・アル=ハイサムという名前の一部イブン・アル=ハイサム (Ibn al-Haytham イブヌル=ハイサムと発音) の定冠詞 al を除いて発音したものです．日本語では様々な表記法があります．

イブン・ハイサム
イブヌル=ハイサム
イブン・アル=ハイサムなど．

---

*2　フェルマの生年については，以前 1601 年とされていたが，近年は 1607 年説が有力である．没したのは 1665 年 1 月 12 日とはっきりしている．

*3　Robin J. Wilson, *Stamping Through Mathematics*, Milton Keynes, 2001, p. 25. 和訳もある．R. J. ウィルソン『数学の切手コレクション』(熊原啓作訳)，シュプリンガー・フェアラーク東京，2003.

本章ではイブン・ハイサムを採用します．彼はエジプトで活躍した中世アラビア世界で最大の数理科学者の一人で，私は「アラビアのアルキメデス」と呼んでいます．アラビア世界では「第2のプトレマイオス」とも呼ばれ，天文学者としても知られています．

主著『視学の書』全7巻（1015~1021）の翻訳を通じてユダヤ世界，ラテン世界にも知れ渡り，後者では al-Haṣan というアラビア語名から，ラテン語で Alhazen（当初アルハセン，のちにアルハーゼン）と呼ばれました．この作品は12世紀後半から13世紀前半，『視学』（*Perspectiva*）というタイトルでラテン語に翻訳（訳者不明）されました[*4]．また，カスティーリャのアルフォンソ10世の宮廷天文学者グエルーチョ・フェデリーギ（14世紀）によるイタリア語訳もあります．後にラテン語訳は，ドイツの数学者でまたラムスの友人でもあるフリードリヒ・リスナー（1533頃~1580頃）により，バーゼルで『光学宝典』（1572）として出版されました．そこには中世の光学者ウィテロの作品『視学』全10巻，さらに，イブン・ムアード（11世紀アンダルシアの学者）の『夜明けと黄昏』（編集者リスナーはアルハーゼン作と誤解していた）も付けられ，というよりウィテロの作品が全体の2/3を占め，大判（22 × 31.5 cm）で本文だけで762ページからなるとても浩瀚な書物です．

---

*4　アラビア語テクスト（1~5巻）と英訳がサブラ（A.I.Sabra）によって，またラテン語テクスト（1~7巻）の英訳がスミス（A. Mark Smith）によって出版されている．なお，*perspectiva* というラテン語は，本書では視学，光学，射影法（遠近法）などと，時代や内容に応じて訳し分けておく．

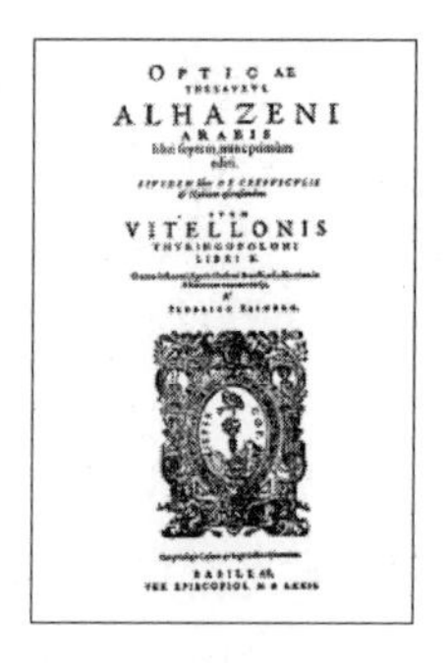

『光学宝典』表紙
（*Opticae thesaurus*，Basel，1572；Johnson Reprint，1972）

『視学の書』の概要は次のようになります．

Ⅰ巻：視覚のメカニズム，光の本性や色，眼の構造など
Ⅱ巻：視線理論，知覚
Ⅲ巻：視覚上の錯誤
Ⅳ巻：反射理論，鏡（球，円柱，円錐）
Ⅴ巻：反射像の数学的議論
Ⅵ巻：反射による大きさや数などの視覚上の錯誤
Ⅶ巻：屈折

ただしレンズに関しては触れていません．数学的内容で興味深いのは第Ⅴ巻で，2 次元の議論を拡張し 3 次元でも考察されています．さてラテン語版の影響は絶大で，ケプラーやホイヘンスなどが熱心にこのラテン語訳と格闘することになります．それのみか，当時の多くの学者たちが視学・光学研究に取り組んでいきます．視覚と認識の問題，顕微鏡による微小世界，望遠鏡による宇宙，レンズの性質，反射屈折問題など，当時きわめて重要な課題でした．デカルトも有名な『方法序説』で幾何学，気象学と並んで屈折光学を議論していることはご存知でしょう．

さて，イブン・ハイサムの時代 10 世紀後半から 11 世紀前半

はアラビア数学絶頂期でした．初期のフワーリズミーやサービト・イブン・クッラが活躍したのち，代数学が学問として確立し，またアルキメデスやアポロニオスなどのギリシャ数学が受容されていくと，次にそれらの拡張展開が始まります．カラジーが代数多項式の四則を行い，クーヒーやシジュジーがギリシャ幾何学のなかでもアポロニオスを重点的に取り組んでいきます．そのなかでもイブン・ハイサムは突出した数理科学者です．彼が今日よく知られているのは，「アルハーゼン問題」というものの存在もあるからで，次にそれを見ておきましょう．

アルハーゼン問題

アルハーゼン問題とは，「凹面鏡あるいは凸面鏡，そして目と視覚物体が点として与えられたとき，球面鏡の上に反射点を見出すこと」という問題で，17 世紀西洋で初めてその名前(*problema alhazeni*) が付けられました．今日この問題は「アルハーゼンのビリヤード問題」と呼ばれることもあります．「円形ビリヤード板上に 2 個の球があるとすると，一つがへりにぶつかって跳ね返ったあと，どのようにしたらもう一つにぶつかることができるか」という問題と同値だからです．

これは定規とコンパスだけでは解けない問題ですが，イブン・ハイサムはこの問題を『視学の書』で第 4 巻の命題も使用しつつ第 5 巻全体で論じています．かなり錯綜とした議論が続き，しかもその証明は恐ろしく冗長で，そのためかその後アラビア世界では『視学の書』は，ムウタマン・イブン・フード（サラゴーサ王国の国王．次章参照）やカマールッディーン・ファーリシー (13 世紀末) 以外に取り上げられることはあまりなかったようです．後にラテン語版を出版するとき，リスナーは図版を正し，使用する命題を指摘したりしてよりよく理解できるように努めています．

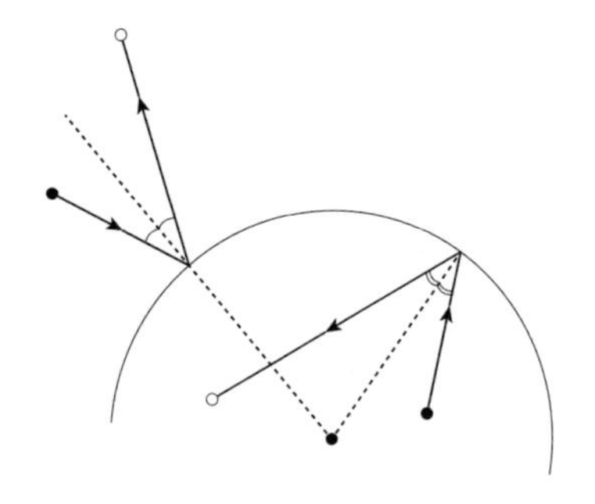

この問題をオランダの学者ホイヘンス（1629~1695）はリスナー版で見出しました．ホイヘンス曰く（1657年），「わたしにとってこれ以外にアルハーゼンの全作品で記憶に残るものはないが，代数学の助けなしに彼が作図することができたことに私はいつも驚嘆させられるのである」．ホイヘンスの解はロンドンの王立協会書記のヘンリー・オルデンバーク（1618頃~1677）に送った1669年6月22日付ラテン語書簡に含まれています．ホイヘンスはこの年に一応解決しましたが，1672年にはさらにそれを数学的に仕上げています．

まずホイヘンスの解（1669年）の概要を証明ぬきで述べておきましょう．円と双曲線の交点で解析的に求める方法です．

球面鏡の中心をAとし，目はBに，対象物はCにあるとする（逆でもかまわない）．A, B, Cを通り，中心をZとする円を描く．BCに垂直にAERを引く．AR上に，AR：AO＝AO：ANとなるNをとる． またBCに平行にMNを引く．AR上に，AI：AO＝AO：4AEとなるようなIをとる．さらにAR上に，IY＝INとなるようにYをとり，このYを通りAZに平行にMYを引く．ここでAR上に，$IS=IX=\sqrt{\frac{(AO)^2}{2}+(AI)^2}$ となるようなSとXをとる．

するとMYとMNが漸近線となり，2本のDdは球面鏡と交わるが，その交点 D が求める反射点となる [*5].

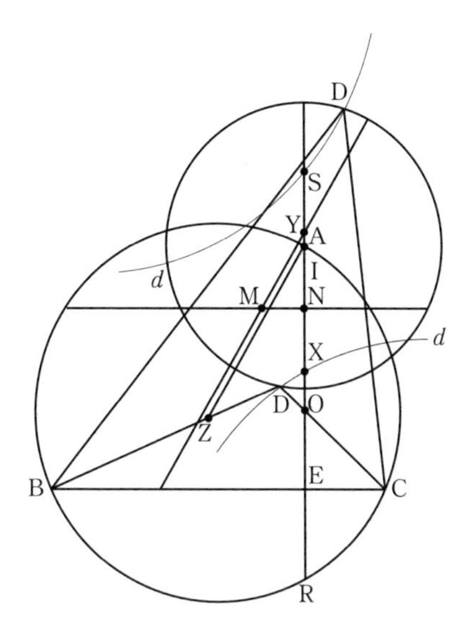

イブン・ハイサムの解答

では，本家のイブン・ハイサムはどのように取り組んでいたのでしょうか．イブン・ハイサムは球面，円柱面，円錐曲線面，しかも凹凸すべてに答えているという点で，後代の 17 世紀西洋の数学者たちよりずっと一般的に問題を捉え，そのため 6 つの補題を与えて解に導いています．必ずしもすべてに適切な解を出すことができたわけではないと今日の研究者は考えていますが，その評価はおそらくあたらないでしょう．写本の筆記者の過誤の可能性があると考えられるからです．イブン・ハイサムの自筆原稿は残されておらず，現存するのは 200 年以上も後の写本にすぎません．そ

[*5] この書簡は王立協会書記のオルデンバークによって 1673 年に印刷された．*Philosophical Transactions,* vol.8, 1673, pp. 6119–6126.

れはアラビア数学がもはや以前の活気を失った時期のもので，図版には間違いがあるし，証明が抜け落ちているものもあり，オリジナルと異なる可能性があります．とはいえ，以下ではイブン・ハイサムの解の一つをみておきましょう*6．

第5巻にある問題は，Aを目，Bを対象物とし，Gを円錐鏡の頂点とします．Aから発し，円錐上の反射点Oを求める問題で，3つに場合分けがなされています．かいつまんで見ておきましょう．

まずA，Bが平面Pに平行な平面Qの同じ側にあるとします．

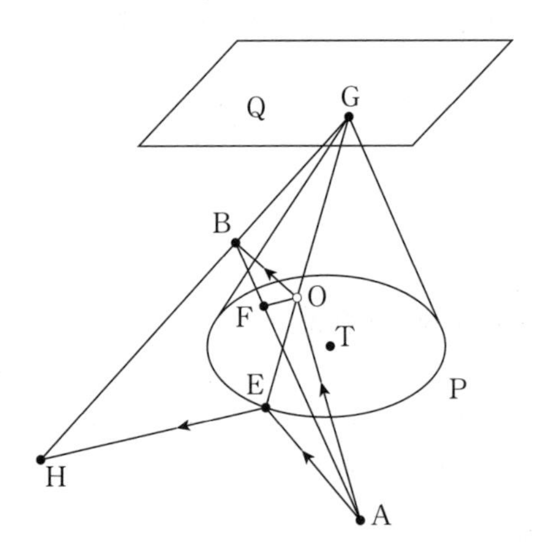

GBを引き，底面の延長上とHで交わるとし，∠HET＝∠TEAとなる点Eを見出します．ここで面GET

*6 A. I. Sabra, "Ibn al-Haytham's Lemmas for Solving Alhazen's Problem", *Archive for History of Exact Sciences* 26 (1982), pp. 299–324は，関係6命題を取り上げ紹介している．ここでは以下の二つの図版も含め次を参照した．Jan P. Hogendijk, "Al-Mu'taman's Simplified Lemmas for Solving "Alhazen's Problem"", J. Casulleras, J. Samsò (eds.), *From Baghdad to Barcelona*, vol. 1, Barcelona, 1996, pp. 59–101.

と線ABとがFで交わるとし，FからGEに垂線を引き，その交わる点をOとします．するとこのOが求める点となるとイブン・ハイサムは結論付けるのです．ここでは，Bが平面P上に射影され，Aから発し円T上で反射し点Hに至るような円周上の点Eを求める問題に還元されています．こうして立体問題が平面問題に還元されるのです．

次にBが平面Q上にある場合を考えます．この場合Hは無限遠点になってしまいます．

平面P上でGBに平行にTMを引き，Aから発しTMに平行に進む反射点Eを円周上に求めます．AEの延長線がTMと点Kで交わるとします．このとき∠TEK＝∠KTEとなります．というのも，TEをN方向に延長し，AがEで反射しJに向かうとすると，∠AEN＝∠NEJで，またEJ // TMなので，∠NEJ＝∠KTE，そして∠TEKと∠AENは等しいからです．

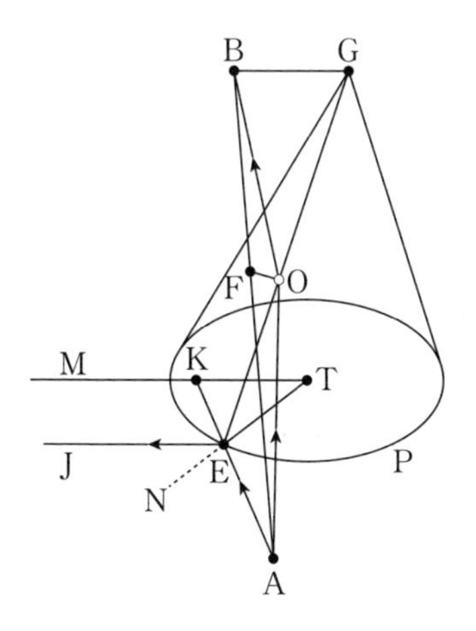

後は先と同じように，AからBに至る反射点としてOを見出します．Bが平面Qの反対側にある場合も同様に考えます．

燃焼鏡とアルハーゼン問題

西洋ルネサンス期の数学はアルキメデス復興期と呼ぶことができます．アルキメデスの作品は，中世フランドルのムールベクのウィレム（13 世紀）によるギリシャ語からのラテン語への直接訳に始まり，ルネサンス期にはラテン語訳はもちろんギリシャ語でも刊行されます．このアルキメデスへは数学者以外も関心を示しました．というのも，アルキメデスには多くの逸話が残され，なかでも燃焼鏡の話は有名だからです．

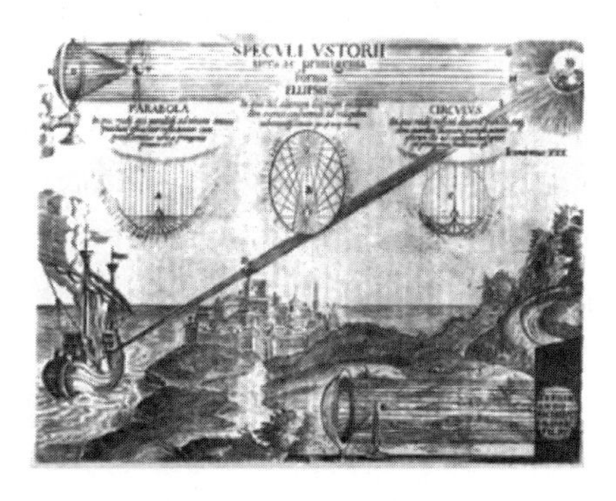

キルヒャー『光と影の大いなる書』(1671) *7
円錐曲線燃焼鏡が 3 種記載されている

イタリアの博物学者ジャン・バッティスタ・デッラ・ポルタ（1538~1615）は，燃焼鏡を『自然魔術』で話題にしています．鏡像を論じた第 17 巻では，アルキメデスの逸話以外に，プトレマイオス王がアレクサンドリアのファロスの灯台（世界の七不思議の一つ）に鏡を設置し，600 ミリア（何と約 900 km！）も離れた敵艦隊を焼き散らしたという話にも触れています *8．

---

*7　Atanasius Kircher, *Ars magna lucis et umbrae*, Roma, 1671, c. 764.

*8　抄訳，G・デッラ・ポルタ『自然魔術』（澤井繁男訳），青土社，1990 にはこの箇所は含まれていない．

デッラ·ポルタ『自然魔術』
太陽光線がレンズを通して集められている[*9]

この燃焼鏡は放物面鏡ですが，それ以外の円錐曲線面をした鏡ではどのように反射するのか，光線は対象物からどのように目にやってくるのか，これらに古代から関心が寄せられ，アラビア世界でも同様でした．ルネサンス期には，古代の偉大なる発見が再評価され，それ以上に素晴らしい機器を作る機運が起こり，また戦争が頻発する時代にあって，兵器としても燃焼鏡は注目されていました．ホイヘンス以前にアルハーゼン問題に格闘した数学者としては，イングランドのトマス・ハリオット(1560頃~1621)を一番に挙げるべきでしょう．ハリオットは膨大な量の数学手稿を残していますが，ほとんど公表しなかったので当時の影響はあまりありません[*10]．その中には執筆時期は不明ですがアルハーゼン問題に関係する記述もあり，後にアイザック・バロウ(1630~1677)が『光学講義』IXで述べたものと同じような内容です．バロウは独自にリスナー版を見てこの問題に取り組んだのでしょうが，リスナー版の翻訳について，「粗雑で洗練さのない言語」で「恐ろしいほど冗長で曖昧」であるとケンブリッジ大学教授として上から目線で不平を述べています．その後ジェームズ・グレゴリー(1638~1675)など多くの数学者もこの問題に取り組み，ようやく大陸側でホイヘンスの出番と

*9　Giambattista della Porta, *Magiae naturalis*, Leiden, 1644, c. 600.

*10　ハリオットについては次を参照．拙稿「イングランドのデカルト：忘れられた17世紀の数学者ハリオット」，『現代数学』50 (10)，2017，66–71頁．

なります．

ホイヘンスはその問題を 1657 年にスペイン領ネーデルランド(現ベルギー）の数学者フランソワ・ド・スリュズ（1622~1685)に提示したところ，当初スリュズはその面倒な問題に取組むことを躊躇していましたが，やがてのめり込み，1672 年にロンドンの王立協会『紀要』に論文を引き続き発表しています．そのようななか両者の間でやりとりが生じ，最終的に彼らの間を取りもったオルデンバークが，その間の両者の成果を，「凹凸面鏡の反射点に関する有名なアルハーゼン問題について，卓越したる人物ホイヘンスとスリュズとが編集者に書き送った相互の多数の書簡抜粋」(1673）という題で，ロンドン王立協会『紀要』に掲載することになります．ホイヘンスとスリュズとはほぼ同じ結果に至りましたが，その間に両者には激しい優先権論争があったようです．時系列に見ておくとたとえば次のような具合です．

1669 年 6 月 26 日　ホイヘンス最初の解答
1672 年 1 月　6 日　スリュズの解答
同年　　4 月　9 日　ホイヘンス第 2 の解答
同年　　7 月　1 日　ホイヘンス第 3 の解答
同年　　9 月 15 日　スリュズの放物線鏡

二人のイブン・ハイサム？

ところで第 14 章では二人のオマル・ハイヤームの話を紹介しましたが，ここでも同じようなことが問題となります．イブン・ハイサムの作品は，数学，天文学，医学，哲学など多分野で，さらに専門論文から一般向け作品まで多方面にわたり，しかも膨大な数であったことが知られています．果たしてこれらを本当に一人で書いたのかという疑問が当然生じます．出身地も，ともに今日のイラクではあるものの，バグダードとバスラ（イラク南東部の都市）を示す 2 種の資料があります．このことから，イブン・ハイサムは二人いたのではとの説を出したのがアラビア科学史研究者ラーシェドです．同時期に同名に近い人物，アブー・アリー・ムハンマド・イブン・アル＝ハサン・イブン・アル＝ハイサムというバグダード出身の学者がいたと言うのです．その作品の三分の二は哲学と医学の分野で，三分の一は数理科学であるものの，大半がギリシャの作品の注釈や要約で，専門論文というものではありません．他方もう一人のイブン・ハイサムの作品は数理科学の専門論文ばかりです．両者を名前に含まれるムハンマドとハサンとで区別すると，

ムハンマド：医学者哲学者：バグダード出身
ハサン　　：数理科学者　：バスラ出身

というわけです．

両者には同じようなタイトルの作品もいくつか見られ混乱は増加するのですが，作品内容，執筆目的，読者対象は異なるようです．たとえば，ハサンの『エウクレイデスの諸前提への注釈，あるいはエウクレイデスの著作における疑問点解明』という『原論』のなかにある個別問題への注釈に対して，ムハンマドは一般的な『エウクレイデス注釈』を，またハサンの『アナリュシスとシンテシス』という専門論文に対して，ムハンマドは教育用テクスト『幾何学的アナリュシスとシンテシスの書．学生用に編集した幾何学と算術の問題解法集成』を書いています．

ただしイブン・ハイサムの作品は大半が失われていること，また当時は作品に題名をつけることはなかったので，同じ作品が様々な名前で呼ばれたことがあることなどによって，イブン・ハイサムを二人とするラーシェド説にも批判がないわけではありません．アラビア科学史，とりわけイブン・ハイサム視学研究では第一人者アブデルハーミド・サブラ（1924~2013）はラーシェド説に反対し，「イブン・ハイサムは一人か二人か？」という論文を 2 本出しています．しかしそこでは決定的な結論は出

してはおらず，多くの関連文献を紹介しただけでした [*11]．その後サブラは当時の伝記作家が学者の名前を（とくに預言者の名前ムハンマドに）変えてしまうことはよくあることとして，ラーシェド説を「不適切な主張」と断罪していますが [*12]，説得的というものでもありません．イブン・ハイサムというアラビア科学史最大の数理科学者のことでさえ，まだ十分にはわかっていないのが現状なのです．

数理科学者イブン・ハイサム（とりわけハサン）には多くの数学作品がありますが，概して代数学よりは幾何学，数値計算よりはアナリュシスとシンテシスなどについての数学方法論に関心があったようです．作品の幾つかは近年『9 世紀から 11 世紀までの無限小数学：イブン・ハイサム』全 5 巻というタイトルで刊行されています [*13]． 古代ギリシャに発しアラビアで議論されたアルハーゼン問題は，600 年後の 17 世紀西洋で大数学者たちがこぞって取り組みました．古代中世の視学が，数学問題として新たな幾何光学という枠組みの中で再検討されていくところに，近代西洋数学の一つの展開が見られます．

---

*11　A. I. Sabra,"One Ibn al-Haytham or Two?", *Zeitschrift für Geschichte der Arabisch-Islamischen Wissenschaften* 12 (1998), S. 1–50; 15 (2002/03), S. 95–108.

*12　A. I. Sabra,"Ibn al-Haytham", *New Dictionary of Scientific Biography*, vol.4, Detroit, 2008, pp. 1–5.

*13　Roshdi Rashed, *Les mathématiques infinitésimales du IXe au XIe siècle : Ibn al-Haytham*, 5 tomes, London, 1993–2006. テクストと仏訳を含む．タイトルとは裏腹に，イブン・ハイサム以外の作品や，「無限小数学」以外の天文学作品なども含まれている．テクストなしの英訳も刊行されている（2012–2017）が，フランス語版とは厳密には対応していない．

第 19 章

アンダルシア数学

中世アラビア数学とは 8~15 世紀のアラビア語を用いた数学を指します．9 世紀バグダードで活躍したフワーリズミー，10~11 世紀エジプトで活躍したイブン・ハイサム，11~12 世紀ペルシャで活躍したオマル・ハイヤーム，14~15 世紀サマルカンドで活躍したカーシーなどをすぐに思い浮かべることができるでしょう．以上の地はすべて東アラビア，つまり中東や中央アジアです．ところで中世アラビア世界と言えば，西はイベリア半島から東は中央アジアまでを領域としましたが，西アラビア，つまりイベリア半島や北西アフリカの数学については従来あまり知られることはありませんでした．本章ではこの西アラビアの数学の一端を取りあげます．

アンダルシアとは

西アラビアを北西アフリカとイベリア半島としますと，前者は日の落ちる所を意味するマグリブと呼ばれ，日の登る所を意味する地中海東岸（さらにイラクまで）を指すマシュリクと対になっています．したがって，この北西アフリカの数学はマグリブ数学と呼ぶことができます[*1]．他方イベリア半島はアラビア語でアンダルスと呼ばれていました（ただし今日アンダルシアはイベリア半島南部を指しています）．したがって中世イベリア半島全体のアラビア数学をアンダルシア数学と総称することにします．マグリブ数学とアンダルシア数学とはジブラルタル海峡を隔てているとはいえ，相互に人的物的交流は盛んで，ほぼ同じ数学と考えてもよいでしょう．

北西アフリカのベルベル人がイベリア半島に侵入し，756 年にイベリア半島で後ウマイア朝が成立し，それは 10 世紀前半には最盛期を迎えます．1031 年には後ウマイア朝も滅亡し，小王国分立時代となります．その後 1085 年にはトレドがカスティーリャ王国に陥落します．その間宗教的に不寛容な王朝のムラービト朝，ムワッヒド朝が続きます．そのことによりこの時代 11~13 世紀には多くの学者たちがイベリア半島から北西アフリカへ逃れたこともあり，マグリブとアンダルシアの数学にはさほど区別はつきません．

ところでイベリア半島では，資料は残されていないこともあり，イスラーム導入以前には数学はおろか科学さえも見るべきものはないと考えられていました．しかしイスラーム世界成立後には，まず天文学や占星術が導入され，さらにそれに伴いその準備として数学も研究されるようになります．こうして翻訳や注釈には，まずは東アラビアで普及していたフワーリズミーの天文学や数学が選ばれたのです．

小王国分立時代にはサラゴーサ王国（1018~1110）などがあり，有名なエル・シッド（1045？~1099）が活躍しました．この時代は，不寛容な王朝が押し寄せた一方，精密科学が興隆するという両価性の時代なので，アラビア科学史家フーリヨ・サムソ（1942 年に生まれる）は 1036~1085 年を「アンダルシアにおける精密科学の黄金期」と呼んでいます．

[*1] マグリブ数学については『フィボナッチ』第 5 章，また本書第 20 章参照．

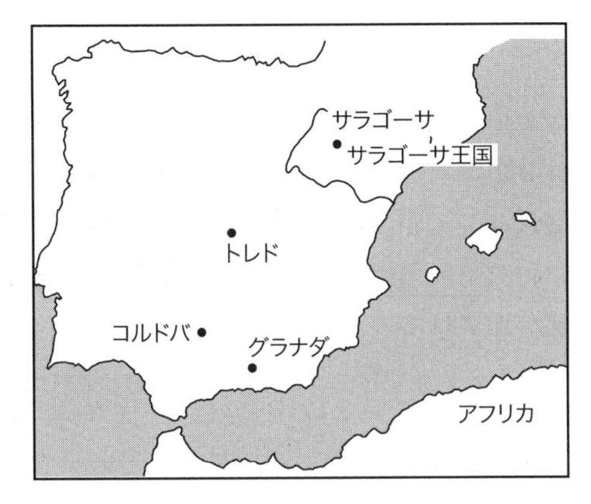

中世イベリア半島の地図

ではその数学とはどのようなものだったのでしょうか．それを見るには，とりわけイブン・ハルドゥーン（1332~1406）の『歴史序説』が多くの情報を伝えてくれます[*2]．

『歴史序説』に見る数学の分類

イブン・ハルドゥーンは数学を次のように分類しています．

- 算 術（数論，計算術，代数，取引算術，遺産分割計算）
- 幾何学（『原論』，球面図形，円錐曲線，測量術，視学）
- 天文学（天文表，占星術）
- 音 楽

ここで最初の項目の算術をさらに詳しく見ておきます．数論は等差・等比数列の和，多角形数，偶数・奇数を扱いますが，概してそれらは理論的なだけで実用には役立ちません．他方で計算術とは四則演算で，その実用性には次のように注目されて

[*2] イブン・ハルドゥーン『歴史序説』全4巻（森本公誠訳），岩波文庫，2001．本文の以下の引用は本書を利用した．

います．

> もっともよい教育は算術から始めるべきである．…なぜなら，これは明晰な知識と組織的な証明に関係するからで，…人生の初期によく計算の勉強をした人は概して誠実な人になるといわれている．というのも計算には，正しい基礎と自己訓練が含まれているから．

ここで名前のあがっている数学者は，ハッサール，イブン・バンナー，イブン・ムンイム，アフダブなどのマグリブの数学者です．

次に代数を見ておきましょう．方程式に関しては，フワーリズミー，アブー・カーミル，クラシーの名前があげられています．そしてかなり正確な情報を得ていたようで，次のように述べられています．

> 伝え聞くところによると，東方の偉大な数学者たちは，この方程式の6つの型をさらに超えて20以上の型にまで分けたといわれている．それらの型のすべてに対して，彼らは確固とした幾何学的証明にもとづいた解法を発見した．

これはアラビア数学では伝統的な2次方程式を6つの標準形に分類したこと，および3次方程式の分類（オマル・ハイヤームは25に分類）を指すと思われます．取引算術は方程式計算，分数計算などの実践的練習問題で，ザフラーウィー（10~11世紀），イブン・サムフ（979~1035），アブー・ムスリム・イブン・ハルドゥーン（?~1057/58）の名前があげられています．

遺産分割計算は法学の一分野でもありますが，「相当量の計算が必要」で，遺産分割計算（ファラーイド）はイスラームの「学問のなかで二分の一あるいは三分の一を占める」（『歴史序説』3，222頁）と誇張して述べられています．イスラームにおいてもっとも重要な学問は法学で，イスラーム法学は4派に分類され，それに応じて遺産分割計算も様々であったようです．

次に幾何学を見ておきましょう．まず「幾何学の出発点」としてエウクレイデス『原論』があげられ，その校訂本，抄録などにも具体的に言及されています．さらに次のように幾何学の重要性が指摘されています．

> 幾何学は，ちょうど石鹸が着物に作用するように，心に対して作用する．石鹸は汚れを洗い流し，着物の油や垢をきれいにするものである．幾何学がそのような石鹸であるのは，前に述べたように，それがきちんとした秩序正しい体系を持つものだからである．…
>
> 幾何学に没頭していると，誤った考えに陥ることはほとんどない．（『歴史序説』第1巻，353-354頁）

幾何学の中では，『原論』の名前があげられ，その重要性が指摘されたあと，球面図形（球面三角法）としてテオドシオス，メネラオスの名前に言及されます．

円錐曲線は，「大工仕事」，「建築術」，「驚異的な像やまれに見る大きな記念物の建立」，「機械装置や器を使い，重い荷物や記念物を引き上げたり移動したりするのにも有用」として，その応用に重点が置かれ，バヌー・イブン・シャーキルの名前があげられています．そして以下に測量術が続き，視学ではイブン・ハイサムの名前があげられています．ただしイブン・ハルドゥーンが言及していないアラビア数学の重要な分野としては，組合せ論と不定方程式とがあります．

アンダルシア数学の数学者はおおよそ400名弱の名前が知られていますが[*3]，彼らの作品の多くはすでに失われています．東アラビアに比べ西アラビアの数学や科学のレヴェルは劣るとさ

---

*3　Sánchez Pérez, D. José A., *Biografías De Matemáticos Árabes Que Florecieron En España*, Madrid, 1921 には191名，D. Lamrabet, *Introduction à l'histoire des mathématiques maghrébines*, np, 2014 には370名の数学者の名前が記載されている．

れ，東方のイブン・ハイサムやオマル・ハイヤームのような創造的数学者の名前を，その中に見出すことは容易ではないと考えられてきました．ところが近年，東方に引けを取らないアンダルシアの数学作品が発見されました．それが本章の主題です．しかもその執筆者は王そのものなのです．

王というよりも数学者：イブン・フード

王などの最高位にある者が数学者でもあることは極めて稀なことです．多忙な政務の傍ら数学を研究することは容易なことではありません．また数学的論証と実務的政策とは相反するものではないでしょうか．とはいうものの，思考の方向が逆だからこそ，かえって政治家には（気休めとして）数学は魅力的であったのかもしれません．

とはいえ例外がないわけではありません．歴史的には日本では，「算学大名」として筑後の久留米藩第 7 代藩主有馬頼徸（ありまよりゆき）が『拾璣（しゅうき）算法』(1767) を著しています．またジェルベール (950?~1003) は後にローマ教皇シルウェステル 2 世として即位しましたが，アバクスという計算板を用いてアラビア数学による計算法などを紹介したことで数学史ではよく知られています．さらに 17 世紀にはデカルトの弟子に当たる，アムステルダム市長を努めたヤン・フッデ (1628~1704)，そしてオランダ共和国首相にまでなったヤン・デ・ウィット (1625~1672) も重要な数学的貢献をしています．康熙帝はエウクレイデス『原論』の満州語訳『幾何原本』に書き込みを残していますし，ナポレオン自身とは無縁でしょうが「ナポレオンの定理」というものも知られています．最高位に就いたわけではありませんが，「数学者が政治家になった時代」と言われるフランス革命期には，ジョセフ・フーリエ (1768~1830) がフランスのイゼール県知事になっています．その他閣僚や大臣でもある数学者なら相当数います．

さて本稿で取り上げるのは，中世イベリア半島で親子 2 代にわたりサラゴーサ王であったバヌー・フード家の子のほうです．父親は第2代サラゴーサ王アフマド・ムクタディル・ビッラーヒ（1047~1081 在位）で，天文学，幾何学，哲学に優れていましたが，その作品は知られていません．その息子ユースフ・ムウタマン・イブン・フード（1081~1085 在位）は，ムラービト朝（1056~1147）に対し反乱を起こし軍事的貢献をした王でした．しかし彼もまた数学者で，以下ではイブン・フードと呼ぶことにします（頼れる者を意味する尊称ムウタマン，あるいはムウタミンと呼ぶ学者もいます）．

イブン・フードが亡くなった頃（1085）にトレドが陥落し，引き続き1118年にはサラゴーサ王国もキリスト教徒の手に渡ります．世はレコンキスタの時代でした．とはいえ，他方でキリスト教とイスラームとは共存もしており，イブン・フードに続く時代の12世紀は，アラビア語からラテン語への翻訳の時代「12世紀ルネサンス」を迎えます．

さてイブン・フードの作品は，比類なく，さらに凝縮した文体と素晴らしい証明を備えていたと後代では絶賛されてきました．その作品は消失したと考えられていましたが，1985年を前後して，オランダのアラビア数学史研究者ホーヘンデイクと，フランスのジェッバールとが，それぞれ別個の写本を発見しました[*4]．それは「完全」という意味をもつ『イスティクマール』と

[*4] Jan P. Hogendijk, “Discovery of an 11th Century Geometrical Compilation: the *Kitāb al–Istikmāl* of Al-Mu'taman ibn Hūd, King of Saragossa”, *Historia Mathematica* 13（1986）, pp. 43–52; Djebbar, Ahmed, “Deux mathématiciens peu connus de l'Espagne du XIe siècle : al-Mu'taman et Ibn Sayyid”, M. Folkerts & J.P. Hogendijk（éds）, *Vestigia Mathematica: Studies in Medieval and Early Modern Mathematics in Honour of H.L.L. Busard*, Amsterdam, 1993, pp. 79–91（これは1984年の発表原稿）．ホーヘンデイクがライデン大学図書館で発見した写本は，かつてゴリウスが収集したもの（本書第14章参照）．

いう作品です．現在 4 箇所に保管されているその写本は，作品全体と言うには程遠い断片状態で，またそこには作者の名前が記載されていませんが，後代の資料から，その作者はイブン・フードであることは間違いないようです．以下では上記ホーヘンデイクとジェッバールの研究をもとにその作品を検討していきましょう．

『イスティクマール』

本書には序文はなく 2 部から構成されていると考えられ，その第 1 部の断片のみが現存します．4 点の写本のうち，一番多くの部分を含んでいるコペンハーゲンの王立図書館所蔵の写本（Or. 82）は，128 葉（つまり 256 頁）から成り立つかなり大部な作品です．

第 1 部は 5 節から構成され，それぞれ命題数は 90，61，124，134，35 題で，おおよそ次のような内容です．

1 節　エウクレイデス『原論』の算術に基づく数論，およびサービト・イブン・クッラ『友愛数論』からの抜粋．

2 節　初等平面幾何学，プトレマイオス『アルマゲスト』第 3 巻抜粋．

3 節　『原論』第 5，6，10 巻の比例論．エウクレイデス『デドメナ』に見られるような命題，および解析的方法．

4 節　『原論』第 11 巻，テオドシオス『球面論』，メネラオス『球面論』，アポロニオス『円錐曲線論』に見られるような諸命題．

5 節　アルキメデス『球と円柱』の要約，プラトンの正立体の構成法，イブン・ハイサム『視学の書』の命題の変形．

以上から判断すると，本書は決して初等的作品ではなく，また単に要約を含むだけでもなく，独自の証明が新たに添えられ，東方アラビアの創造的数学に比類できる作品と言えそうです．

以上の第 1 部の内容は数学ですが，失われた第 2 部は「物質的幾何学」という表題をもち，その内容は第 1 部で登場した命題を用いる視学や天文学であったのではと想像されますが，確かなことは言えません．中央アジアのマラーガ天文台の第 2 世代に属するイブン・サルターク（?~1327 以降）によれば，『イスティクマール』の第 2 部は第 1 部と同様 5 節からなり，重さの学や自動機械，音楽，天文学（宇宙の構造と天体の運動），視学，そしてアナリュシスとシュンテシスを扱ったとされています [*5]．そうであるならば，『イスティクマール』は四科（算術，幾何，音楽，天文）に重さの学と光学などを加えた総合数学百科であったのかもしれません [*6]．

『イスティクマール』の問題

第 3 節では，いわゆる「アルハーゼン問題」をその作者であるイブン・ハイサム（965~1040）よりも簡潔に証明しています [*7]．当代随一の数理科学者の提案したその高度な問題を，それから時を経ずして新たに解説していることは驚くべきことです．第 4 節では，アポロニオス『円錐曲線論』4，5，7 巻の難解な部分を簡潔に要約しています．また放物線のみならず，楕円や双曲線

[*5] A. Djebbar, “La rédaction de L'istikmal d'al-Mu'taman (XIe s.) par Ibn Sartāq, un mathématicien des XIIIe-XIVe siècles”, *Historia Mathematica* 24 (1997), pp. 185-192.

[*6] 後代になって『イスティクマール』は『イクマール』（完成の意味）として再編集されたが，これも散逸した．

[*7] アルハーゼン問題に関しては本書第 18 章を参照．

の一部の求積なども試みています．もちろんこの時代にそれは成功しなかったのですが，その大胆な数学的発想は驚くべきものです．

第 3 節では，現代的に書くと次のような図形から得られる定理を証明しています [*8]．

まず，それとは明記していませんが「メネラオスの定理」を用いて，

$$\frac{BZ}{ZA}=\frac{BE}{EH}\times\frac{HG}{GA}.$$

ここで

$$\frac{HA}{AG}=\frac{AH}{HG}\times\frac{HG}{GA}.$$

よって

$$\frac{BZ}{ZA}\times\frac{AH}{HG}=\frac{BE}{EH}\times\frac{HA}{AG}=\frac{BD}{DG}.$$

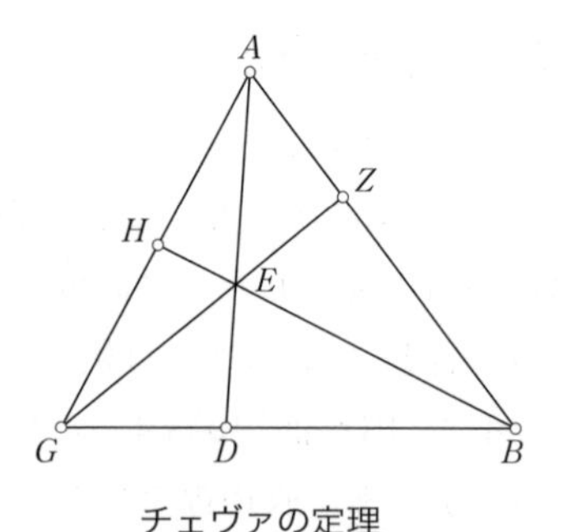

チェヴァの定理

これは今日の「チェヴァの定理」に他なりません．その定理はイタリアの数学者ジョバンニ・チェヴァ（1647~1734）の『相互

*8　イブン・フード『イスティクマール』の英訳は次に見られる．Victor J. Katz, Menso Folkerts *et.al* (eds), *Sourcebook in the Mathematics of Medieval Europe and North Africa*, Princeton, 2016, pp. 478–494.

に交差する直線についての静的作図』(1678) で最初に発表されたとされてきましたので，イブン・フードの記述はそれに先行すること600年前ということになります．しかしそれは「イブン・フードの定理」と呼べるかというとそうもいかないかもしれません．イブン・フードはすでに知られていた定理を再録したにすぎない可能性も否定できないからです．

また同じく第3節では，円周は直径の $3\frac{1}{7}$ 小さく，$3\frac{10}{71}$ より大きいことを示し，証明自体はバヌー・ムーサー『平面図形と球面図形の計測』から取られています．ところで，イブン・フードはこの証明を「通約不能〔= 非共測〕と通約可能〔= 共測〕に関する円の性質について」という項目で述べているのはとても興味深いことです．というのは，少し想像を膨らませますと，イブン・フードは直径と円周との比は通約可能ではないことにも言及しているようにも思えるからです．もちろん当時にあってはそれ示すことは無理でしたが，ここでもイブン・フードの大胆な発想が垣間見られます．

円錐曲線では次のような命題があります．

> ［**命題21**］放物線から，その部分の面積が知られた長方形の面積に等しくなるよう，またその部分の頂点が知られた点にくるように，如何にして部分を取り去ることができるかを示したい．

証明の概略は次のようになります [*9]．

Dを与えられた長方形，Bにおける接線をBG, BGHE$\left(=\frac{3}{4}\mathrm{D}\right)$を平行四辺形とします．Hを通り，漸近線をBG, BEとす

*9 Roshdi Rashed, *Founding Figures and Commentators in Arabic Mathematics*, London, 2012, pp. 747–748, 754.

る双曲線を引き，それと放物線との交点をIとします．IKの延長と放物線との交点をC，またIL∥BK，HE∥GBとします．するとアポロニオス『円錐曲線論』第2巻命題12により，□BGHE＝□BLIK．こうして□BGHE＝□BLIK＝$\frac{3}{4}$D．また△IBC＝□BLIK＝$\frac{3}{4}$D．ところで命題20（略）より，△IBC＝$\frac{3}{4}$（放物線切片IBC）．こうして，（放物線切片IBC）＝D．

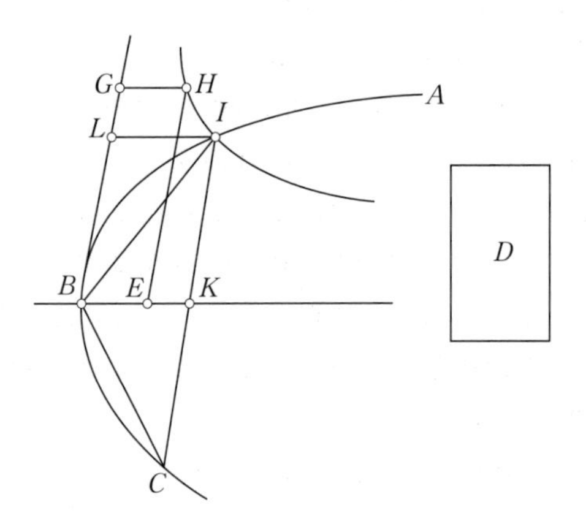

『イスティクマール』の論述は極めて数学的でテクニカルです．最初に定義があり，次に命題内容を一般的に述べる言明がなされ，その後図形とそれを示す文字が提示され，証明には「以上が証明したいことであった」という言葉が見え，最初の言明が繰り返されて終わります．このように，命題の証明は『原論』スタイルが取られていますので，論証数学そのものと言えます．

『イスティクマール』に取りあげられた題材は，主として幾何学，それもギリシャ幾何学とそれを展開したアラビア幾何学とが中心で，そこに代数学は含まれていません．またイブン・ハルドゥーンを紹介するときに言及した測量術や遺産分割計算などの実用数学はそこにはなく，大半が高等数学，あるいはその準備としての諸定理です．証明にはどの命題を利用すればよいかなどの指摘はなく，教育的配慮はなされていません．エウクレイデス，アルキメデス，アポロニオスなどの命題が引用出典を明記されることなく含まれ，さながら高等数学百科あるいは数学大全ともみなされます．その高度な内容から判断すると，執筆に要する時間を考えれば，イブン・フードは王位につく前にすでにこの作品を書きあげていたとも考えられます．

イブン・フードは王という身分ですから，その地位を利用してギリシャ数学の翻訳作品を自ら所持していた可能性があります．独自の宮廷図書館を持っていたかもしれず，それらが後のアラビア語からラテン語への翻訳時代に利用されたこともありえます．

イブン・フードは一流の数学者と呼んで差し支えなく，アンダルシア数学にも高等数学が存在したとことが見て取れました．それのみではありません．ユダヤ人学者モーシェ・ベン・マイモーンすなわちマイモニデス（1135~1204）がムワッヒド朝によるユダヤ人迫害を避け，コルドバからファース（フェズ）を経てフスタート（今日カイロ市に吸収）に落ち着いたとき，『イスティクマール』を弟子たちにすすめたことが知られています．その写本は弟子によってさらにシリアのアレッポにもたらされ，伝記作家アリー・イブン・ユースフ・キフティー（1172頃~1248）の『智者たちの歴史』のなかでイブン・フードが言及されるに至ったようです．本書は当時それほどまでに重要な作品と認識され，だからこそ西アラビアのみならず東アラビアにも伝播されたのです．先に述べたマラーガ天文台で活躍したイブン・サルタークが『イクマール』として要約したこともそのことを物語ります．すると『イスティクマール』はアンダルシアのみならず，アラビア世界全体で共有された数学作品となり，もはやアンダルシア数学を超えアラビア数学の傑作にふさわしい大きな足跡を残した作品と言えそうです．まだ『イスティクマール』については研究途上で，その全貌が掴めない状況にはありますが，散佚した部分の発見と編集版の出版が期待されるところです．

第20章

今に生きるマグリブ数学

前章では，西アラビアの数学のなかでとりわけアンダルシアの数学の一面を見ておきました．本章では残りの北アフリカの数学を取り上げましょう．

アフリカ大陸の数学で数学史上最初に登場するのは「イシャンゴの骨」です．ナイル川源流域のイシャンゴ（コンゴ民主共和国のウガンダ国境付近）で発見されたという約2万年前のヒヒの腓骨のことです．そこに付けられた刻み目は数を表すものなのかそうでないのか，今日様々な議論がなされています[*1]．また古代ギリシャでは，アルキメデスの友人で，地球の大きさを測定したエラトステネス（前275~前194）も北アフリカのキュレーネー(現リビア）出身です[*2]．しかし，ここでは，以上のような古い時代のアフリカではなく，イスラーム世界となった北西アフリカ（マグリブ）を対象とすることにします．それは今日のモロッコ，アルジェリア，チュニジア，リビアであり，エジプ

---

*1　ジョージ・G・ジョーゼフ『非ヨーロッパ起源の数学』（垣田高夫・大町比佐栄訳)，講談社，1996, 48–54頁．

*2　古代ギリシャの植民都市であったキュレーネーには，他にもテオドロス，アプレイオス（ローマ時代）など数学に関係した人々がいた．

トは入りません[*3]．しかし数学者の中には，イベリア半島で生まれ，マグリブで活躍したとか，マグリブで生まれ，バグダードで活躍したとかいう者も多数おり，マグリブ内で一生を終えた数学者だけではありません．ここではそのような数学者も対象としておきます．

マグリブ数学史

マグリブ（マグレブとも言う）という土地で思い出される大学者はイブン・ハルドゥーンでしょう．遍歴での体験をもとに文明を論じた『歴史序説』は，前章でも数学の分類に関して触れておきました．その波乱万丈の生涯から，当時のマグリブの政治的混乱状況がよくわかります[*4]．当時は策謀，王家の内乱，疫病など，じっくりと数学研究に励むのはとても難しい時代ではありましたが，それでも少なからずの数学者の名が知られています．

近年マグリブ出身の数学史研究家も生まれつつあり，「アラビア数学史のマグリブ会議」もすでに何度か開催されています．ところでマグリブ数学史の基本図書は次の 3 点です．

- Ahmed Djebbar et Marc Moyon, *Les sciences arabes en Afrique : Mathématiques et astronomie IXème-XIXème siècles*, Brinon-sur-Sauldre, 2011 .

[*3] 東マグリブ（現リビア）あたりはまたイフリーキヤー（アフリカの意味）とも呼ばれた．

[*4] 生涯については次が詳しい．Robert Irwin, *Ibn Khaldun: Intellectual History*, Princeton, 2018.

- Djamil Aïssani et Mohammed Djehiche (eds.), *Les manuscrits scientifiques du Maghreb*, Tlemcen, 2012 .
- Driss Lamrabet, *Introduction à l'histoire des mathématiques maghrébines*, Lulu, 2014 *5.

最初のジェッバールはリール第 II 大学（フランス）でアラビア科学史を担当し，マグリブ出身の多くの若い数学史家を育ててきました．多作家で，その文庫本サイズの仏文『アラビア科学史』はこの種のものとしては最も簡潔明快な書物で，翻訳が望まれます *6．2 番目のアイサーニーは古くからマグリブ数学史を研究し，多くの研究会議を開催しています．最後のランラベの文献はマグリブとアンダルシアの数学者の人名リストで，とても重宝します．今回は以上の文献を基本にしながら，マグリブ数学史を見ていくことにします．

ランラベは 508 人のマグリブ数学者名をあげていますが (2020 年の改訂増補版では 617 人をあげている)，その最初に掲載された数学者は，バグダードからの移民アブー・サフル・カイラワーニー(? ~ 802) です *7．彼はその名前が示すようにカイラワーン (現チュニジア) で活躍し，『インド式計算法の書』(散佚) を書いたとされていますが詳細は不明です．有名なフワーリズミーがほぼ同名の作品を書いたのが同時代ですから，インド式

*5　これは 1994 年版を大幅に改定したもの．さらに 2014 版を改訂増補した英語版が近年出版された．Driss Lamrabat, *An Introduction to the History of Maghrebian Mathematics*, s.l., 2020．出版地は示されていないが日本で印刷されたと記載がある．

*6　Ahmed Djebbar, *Une histoire de la science arabe*, Paris, 2001.

*7　改訂版では，マルワーン・イブン・カズワーン（821 頃活躍）．

計算法はインドからバグダードへもたらされた後，すぐにはるか遠くのマグリブに伝えられ，情報伝達網が優れていたことがわかります．当時北西アフリカはアグラブ朝（800~909）で，このカイラワーンが学術の中心地でした．その近郊のラッカーダでは，イブラーヒーム２世（治世875~902）がバグダードにある研究施設を真似た「智慧の館」を開設し，多くの学者たちを集めましたが，まだマグリブ独自の学術文化は形成されていなかったようです．

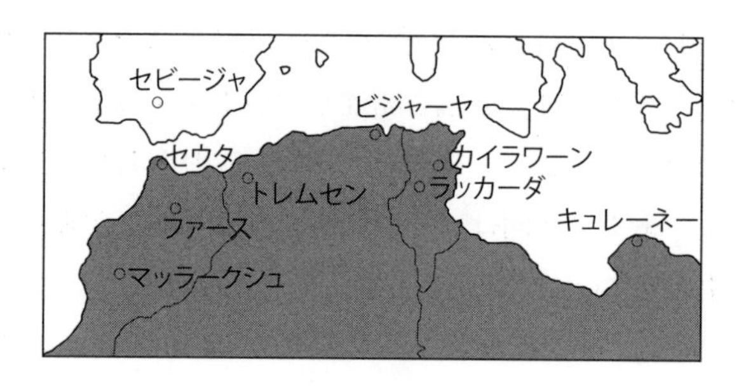

マグリブの地図

マグリブの四大数学者

イベリア半島のセビージャ（セビーリャ）は，13世紀前半にレコンキスタでキリスト教国になるまでアンダルシア数学の中心地でした．後にマグリブで活躍する以下に述べる数学者は，このセビージャで教育を受けたようです．

さてマグリブ数学の最盛期は，マッラークシュ（現モロッコの都市でマラケシュともいう）を首都としたムワッヒド朝（1130~1269）です．そこではその後に影響を与えた４人の数学者がいました．

クラシー (?~1184)：アブル＝カーシム・クラシーはイベリア半島のセビージャ出身ですが，活動拠点はビジャーヤです．イブン・ハルドゥーンはクラシーについて，アブー・カーミル『代数学』への注釈で有名であると述べています．しかしその書を含め彼の作品は今日何も残されていません．しかし後代の人々がしばしば彼の作品内容を引用していますので，その数学を知ることが出来ます．影響を与えた点でクラシーは重要な数学者と言えるでしょう．

ハッサール (12 世紀)：アブー・バクル・ハッサールはセウタで活躍したと考えられ，今日計算法に関する 二つの作品が知られています．彼は分数の分母分子の間の横棒など記号法を，知られる限りにおいてはじめて用いたことで極めて重要な数学者です．

イブン・ヤーサミーン [*8] (?~1204)：ベルベル人の学者で，数学のみならず散文や詩文で文学作品も書き残しました．数学でとりわけ著名なのは，2 次方程式解法や指数計算を詠った代数学についての詩で，当時多くの者が口ずさんだばかりでなく，その後マグリブのみならずエジプトにおいても多くの注釈を生み，その数は現在 20 点知られています．ハッサールに続いて記号法を用いて書いた『グバール数字による精神の肥沃』は，幾何学に計算を用いたもので，この種のものとしてはマグリブ数学では唯一のもののようですが，その後に影響は与えませんでした．最期の彼は不可解な理由で暗殺され，その遺体はマッラークシュの自宅前に置かれたということです．

イブン・ムンイム (?~1228)：アンダルシア出身ですがマッラークシュで活躍した数学者兼医師で，断片が現存する唯一の

[*8] 詳細は『フィボナッチ』を参照．

数学書『計算の教え』には，アラビア数学最初の組合せ論が掲載されていることで重要です．それだけに今日マグリブ数学史では最も研究されている数学者です．そこではたとえば絹の色を題材とし，いわゆるパスカルの三角形を用いて，現代式を用いますと次を見出しています（$n \leqq 10,\ k \leqq n$）．

$$C_k^n = C_k^{n-1} + C_{k-1}^{n-1}.$$

この組合せ論は，その後イブン・バンナーをはじめ多くの数学者に引き継がれ，マグリブ数学の一分野を形成していきます．

マグリブ数学の中の数字

中世アラビア数学では，数表記は，一般的にアラビア語の数詞，アブジャド数字，東アラビア数字の 3 種が用いられていました．アブジャドとはアルファベットを意味し，アラビア語アルファベット 28 個に異なる数値を当てはめたものがアブジャド数字で，またジュンマル数字とも呼ばれています．東アラビア数字は，インドからアラビアに導入されたことから今日アラビア語ではインド数字と呼ばれ，今日の算用数字とは形が少し異なり，現在中東や北アフリカのアラビア語地域で用いられている数字の原型となったものです．

マグリブではさらに二つの数字が用いられています．一つはグバール数字です．グバールとは灰や塵を意味し，板の上にそれを蒔き，その上に棒などを用いて書いた数字で，すぐに消せるという特徴を持っています．これがやがて西洋に伝わり，今日のアラビア数字となりました．以上はよく知られていますが，マグリブではさらにもう一つの数字が用いられていました．

ルーミー数字あるいはファースィー数字と呼ばれるものです[*9]．これもアブジャド数字と同じく文字に数値を当てはめたものですが，文字数は 27 個です．ルーミーとは「ローマの，ローマ的」を意味しますが，アラビア世界ではローマと言えば東ローマ帝国，すなわちビザンツ帝国を指します．そこでは主としてギリシャ語が用いられていましたので，ルーミー数字とはギリシャ数字を意味することになります．実際，その起源はギリシャ語文字に由来するコプト数字であったろうと考えられますが詳細は不明です[*10]．

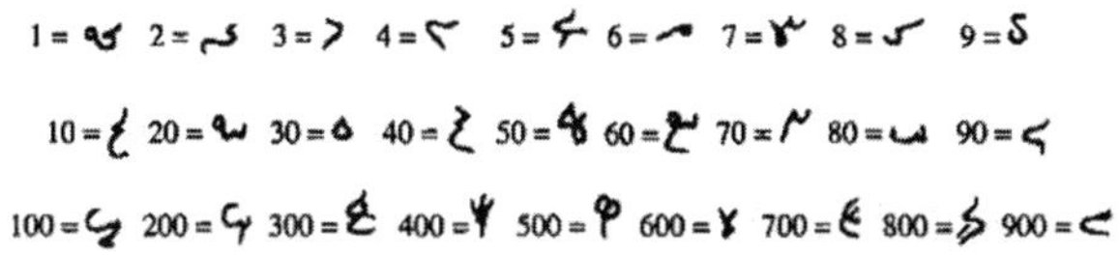

ルーミー数字[*11] ただし異形が多い

[*9] アラビア語でファース（形容詞形がファースィー）とはモロッコの都市ファースを指す．イブン･ハルドゥーンはこの文字をズィマーム数字（記録数字）と呼び，文字魔術に使用されるとする．イブン・ハルドゥーン『歴史序説』3，岩波文庫，2001，440–441 頁．ただし商取引きでも使用された．

[*10] コプト語とは，基本的には古代エジプト語で，文字はギリシャ語アルファベットに 3 文字を加えたもの．

[*11] 出典：Djebbar, *Une histoire*…, p. 220 の一部．

アラビア数字	6	10
東アラビア数字	٦	١٠
アブジャド数字	و	ى
アラビア語数詞	ستة	عشرة
グバール数字	6	10
ルーミー数字	~	ع
ギリシャ文字数字（参考）	ς	ι

文字の例（異形が多い）

マグリブ数学の特徴

前章ではアンダルシア数学とマグリブ数学とは類似点が多いと述べました．しかし異なる点もありますのでここではそれに言及しておきましょう．一般的に言って資料の検討が十分ではないので素朴な単純化には注意が必要ですが，マグリブ数学では，幾何学や三角法はあまり研究対象とはならなかったようです．アルキメデスやアポロニオスなどのギリシャの高等幾何学，さらには東アラビアのギリシャ系幾何学にはあまり関心が払われることはありませんでした．それに対し計算法や代数学の作品が多いのが目立ちます．しかしそこには，東アラビア数学に見られる 3 次方程式の幾何学的解法を論じたオマル・ハイヤームや，高次方程式の近似解法を論じたシャラフッディーン・トゥースィー（12 世紀後半）などの成果は見られません．むしろ計算法や，2 次方程式解法など初等数学の教科書が多く書かれました．つまり当時マグリブ世界では数学は研究対象というのではなく，どちらかというと実地に応用するものと見られていたようです．なかには暗記に容易なように詩形式で解法が記述されたり，また日常によく出くわす分数が分類され，詳しくその計算法が述べられたりしています．

ここでマグリブ数学の特異な点を指摘しておきましょう．遺産分割計算（*ilm al-farā'id*）の存在です．アラビア数学一般でそれが見られることはよく知られており，たとえばフワーリズミーの『代数学』はそれに第 3 部をあて，長々と具体的遺産分割計算をしています*[12]．しかしマグリブには，東アラビア数学に比べるとこの部門の論者が遥かに多いようです．それはその地でイスラーム法についての法学論争が盛んであったからかもしれません．イブン・ハルドゥーンは『歴史序説』で，数に関する学問を 4 つに分け（算術，代数，取引算術，遺産分割計算），さらに遺産分割計算の説明を加えています．それによると，遺産分割計算には相当量の計算が必要で，法学の知識も必要で，非常に大切であるとされています（『歴史序説』第 6 章 20）．実際，この分野は当初法学の一部にしかすぎませんでしたが*[13]，時を経るにしたがい，計算に関するところは数学の一部門に昇格したようです．

他にも指摘すべき点があります．記号法の存在と組合せ論の議論です．ここでは後者のみ次節で取り上げます*[14]．

---

*[12] ただし，フワーリズミーの代数学の書とは別個に執筆されたと考える研究者もいる．複数の論考が続けて一つの写本にまとめられたり，さらに西洋印刷術揺籃期では複数の書物が 1 冊に綴じられ合集されたりすることもあったからである．

*[13] イスラーム法と数学との関係については次を参照．井筒俊彦『アラビア哲学』，慶応義塾大学出版会，2011, 211–222 頁．

*[14] 三浦伸夫『数学の歴史』，2019（第 2 版），96–98 頁参照．

イブン・バンナーとその学派

マグリブ数学の代表は，その影響力から言って，マッラークシュ出身で，ファースで数学や天文学などを教えたアフマド・イブン・バンナー（1256~1321）です．この人物はイブン・ハルドゥーン『歴史序説』では，「占星術や文字の魔法で有名なマグリブの大数学者」と呼ばれれています[*15]．数学（14 点），天文学（20 点），占星術（10 点），遺産分割計算（5 点），法源学（5 点），護符術・錬金術など（17 点），農学（1 点），ハディース学（ムハンマドの言行録についての学問，9 点），神学（2 点），神秘学（4 点），言語学（7 点），哲学（13 点）などについて，合わせて 107 点の作品名が知られていますので，「占星術や文字の魔法」だけではなかったことは確かです[*16]．

彼の数学上の代表作の一つは『計算法略解』（1302）で，次のような内容[*17]です．

第 1 巻

　第 1 部：整数（種類，四則）

　第 2 部：分数（名前，四則）

　第 3 部：無理数（開平法，四則）

第 2 巻

　第 1 部：比例演算，複式仮置法（天秤法）

　第 2 部：代数学（6 つの標準形，四則）

---

*15　イブン・ハルドゥーン『歴史序説』第 1 巻，306 頁．

*16　Lamrabet, *op.cit.*, pp. 164–177; pp. 473–476.

*17　テクストは，M.Souissi (ed.)，*Ibn al-Bannā'*, *Talkhīṣ a'māl al-ḥisāb*, Tunis, 1969．一部の和訳は次を参照．拙稿「アラビアの数学」，伊東俊太郎（編）『中世の数学』，共立出版，1987，282–296 頁．

テクスト原文は編集本でわずかに38頁にすぎません．内容は初等数学で，実例は示されておらず，また証明もなく，解法が簡単にまとめられているだけで，日常に適用可能な内容を持つ，現場で用いられたハンディなマニュアルです．さらに言うなら，遺産分割計算にも手頃な内容なのです．本書はその簡潔明解な記述から多くの読者を集め，14世紀から17世紀までマグリブ数学の代表作であったと述べても過言ではありません．しかし，証明や例題がないことから教育的とは言えず，その後それらを付け加え多くの注釈書が書かれました．すでにイブン・バンナーの生前にもハワーリー（14世紀初期に活躍）が注釈を加えています．イブン・バンナーは多くの弟子に恵まれ，またその評判は東方アラビアにまで及び，その地でも少なからずの注釈を生みました．このような意味であれば，イブン・バンナーはマグリブ数学のみならず広くアラビア数学で最もよく知られた数学者の一人でもあると言えます．

もちろんイブン・バンナーは，教科書執筆者としてだけではなく，前章で述べたイブン・フード『イスティクマール』も読んでおり高等数学にも慣れ親しんでいました．イブン・バンナーの『計算法開帳』[*18] は整然とした形式で書かれており，イブン・ハルドゥーンは，先人たちによる証明の概要を提示し別証明を与えたと高く評価しています．次にそのなかから組合せ論の冒頭の概要を見てみましょう [*19]．

---

*18　ここで言う帳とはヒジャーブで，ムスリム女性が頭にかぶるヴェールを意味し，隠された計算法の神秘の覆いを取り除く意味が込められている．

*19　テクストは次の英訳を利用した．Victor J. Katz, *et.al* (eds.), *Sourcebook in the Mathematics of Medieval Europe and North Africa*, Princeton, 2016, pp. 446–447.

言語の内容などを数えあげるため三文字単語の決定に平方の和が用いられる．たとえば，並ぶ順をぬきにしてアルファベットから三文字単語はいくつ作られるのか．実際，三文字単語の数は，三角形の最後の辺がアルファベットの総数よりも二だけ少ない三角形〔数〕の総和に等しい．ここで三角形〔数〕の総和は，偶数の平方と奇数の平方との和を求めるときのように，最後の辺とそれに続く二つの整数の積とを掛け，その積の六分の一を取ることで得られる．これは，二文字単語の数が，与えられたアルファベット文字数とその前の数の半分との積から得られるからである．三文字単語の数は，二文字単語の数と与えられた数の二つ前の数の三分の一との積から得られる．四文字単語の数は，三文字単語の数と，与えられた数の三つ前の数の四分の一との積から得られる．こうして一般的に，求めるべき組合せの直前の組合せ数と，与えられた数から求めるべき組合せ数に等しい距離だけ離れている数の直前の数とを掛け，次にそれを求めるべき組合せ数によって割る．以上の理由は本章から明らかである．

アラビア語の単語は通常 3 つの子音で構成されています．たとえば KaTaBa (彼は書いた) は K–T–B の子音から構成され，KiTāBun (書物) などの単語が次々と派生されていきます．するとアラビア語の子音 28 個から単語がいくつ構成できるのか，これが問題となります．このことはすでにイブン・ムンイムが問題としていました．イブン・バンナーのここでの問題では順序は無視されていますが，その後順列の議論が続きます．

ここでは組合せ論が図形数と関連付けられ述べられていることが重要です．n 個のアルファベットから r 個用いて単語が構

成されるとすると (順序は無視)，単語の組合せ数は次のようになります．

$$ {}_nC_3 = \frac{(n-2)(n-1)n}{6}. $$

さらに一般的に書くと

$$ {}_nC_k = {}_nC_{k-1} \times \frac{n-(k-1)}{k} $$

となる計算を示しています ($n=28$, $k=5$ までの計算)．本書は難解ということもあり，こちらも多くの注釈を生みました．それら注釈は元のイブン・バンナーの作品のレヴェルを超えることはありませんでしたが，記号法を用いて新たに説明されたという点で，マグリブ数学記号の普及に貢献したといえるでしょう．ただしイブン・バンナー自身は，本書では記号のみならずアラビア数字さえも用いてはいません．

数学者のネットワーク

マグリブ数学盛期の中心地にビジャーヤとトレムセンという都市があります (ともに今日アルジェリア)．ビジャーヤはハンマード朝 (1067~1152) の首都，そしてムワッヒド朝 (1130~1269) の主要都市として，1510 年にスペインによって破壊されるまで，地中海地域の学術文化そして商業の中心地でした．中世西洋の数学者ピサのレオナルドが父親に呼ばれアラビア数学に触れたのもこの都市で，その地で先に述べた数学者クラシーと出会ったかもしれません [*20]．

トレムセンはザイヤーン朝 (1236~1554) の首都で，アフリカと地中海を結ぶ交易の十字路として，中世マグリブの学術商業

*20　ビジャーヤについては『フィボナッチ』参照．

の中心地でした．イブン・ハルドゥーンが『歴史序説』を執筆したのもこの都市です．西洋世界では 19 世紀に紹介され，マグリブ数学者としては最もよく知られた西アラビア数学者であるカラサーディー(?~1486) もこの地に滞在しています *21．他にもサイード・ウクバーニー(1321~1408)，ハッバーク (?~1463)，イブン・バンナーの弟子でもあり「理性的学問の中で当時最高の学者」と呼ばれたアービリー(?~1356)，カラサーディーの師イブン・ザーグー(?~1441) などがこの地で活躍しました．

当時西アラビアではリフラ (旅行の記録) が流行していました．その目的は宗教上のこともありますが，若者が各地を訪れ多くの教師に出会い，学問を修め成長するために行われた旅行記録です *22．この旅行は 18 世紀西洋で大流行したグランド・ツアーのようなものでしょう．多くの若者が旅行を通じ各地で数学を学び，また数学交流したようです．カラサーディーも 15 年にわたりトレムセンやカイロなどを訪れ，数学者から学んだことを『旅行記(リフラ)』に記しています *23．こうして数学者のネットワークが形成され，西アラビア数学の情報は各地に行き渡ったことは上記で見てきたところです．実際数学テクストが各地にもた

*21　少し前までアラビア数学史と言えば次の作品が最も信頼のおけるものであった．エー・コールマン・アー・ベー・ユシケービッチ『数学史 2』(山内一次・井関清志訳)，東京図書，1971．そこではカラサーディーがアル＝カラサージーとして記述されている．なおこのロシア語『数学史』の仏訳 (アラビア数学の部分のみ)，独訳は西洋世界で広く参照されている．

*22　旅行記もリフラと呼ばれ，イブン・バトゥータの『都会の珍奇さと旅路の異聞に興味をもつ人々への贈り物』(1355 頃)，つまり『旅行記』もその部類に入る．

*23　Abū al-Hasan al-Qalasādī, *Œuvre mathématique en Espagne musulmane du XV*^{e} *siècle*, Beyrouth,1999, pp. 24–30.

らされ，その地でさらに注釈が書かれ普及したのです．しかしこのネットワークはせいぜい聖地，さらにはバグダード止まりで，マグリブ数学はそれよりもイランやインドなど東方には及ばなかったようです．

ところでマグリブ数学はいつまで続いたのでしょうか．ランラベの取り上げている最後の人物は，なんと2011年に亡くなったモロッコの天文学研究家で，モスクにおける計時担当者muwaqqit）でもあるのです．アラビア数学では天文学も数学の一部であったこと，そしてマグリブ数学の永らえているその長さに注目してください．イベリア半島では1492年にレコンキスタが完成しその地はキリスト教国になった，つまりアラビア語によるアンダルシア数学はその時点で終了したのに対して，マグリブ地方は今日までムスリムが多勢を占めているので，マグリブ数学は生きながらえているのです．実際，ジェッバールの上記の書物の最後には『計算の学原理』というインド式計算法を扱った短編 *24 が掲載されていますが，この作者アラワーニーは1997年に亡くなったハディース学者，遺産相続法学者です *25．これは9世紀頃に書かれたのではないかと見紛うほどの旧来の形式と内容をもった計算法を述べた作品で，中世アラビア数学

*24　ジェッバール掲載のテクストは，マリ共和国のトゥンブクトゥのアフマド・ババ図書館所蔵．ジェッバールは別の箇所ではタイトルを『計算の学論攷』としている．Djebbar et Moyon, *Les sciences arabes et Afrique*, Briton-sur-Saulde, p. 110, pp. 140–155.

*25　ランラベの英語版では，アブドゥル・ワッハーブ・イブン・アブドゥッ・ラッザーク・ファージー・マッラークシー（1905~2011）が一番新しいようだ．Lambabet, *op.cit.*, 2020, p. 655.

はいまだマグリブでは息づいていることがわかります [*26].

ところで，アフリカ大陸のトンブクトゥ（マリ中央部の都市で「黄金の都」と呼ばれ，16 世紀には人口 100 万人と言われた．『ブリタニカ国際大百科事典』参照）などには今日でも数多くのアラビア数学テクストの写本が存在するようです（長老などが個人で所有）．今後それらが明らかになると，アラビア数学史記述は大幅に書き換えられることになるでしょう [*27].

[*26] 和算のことも気になります．数学者にして和算研究家の藤原松三郎（1881~1946）によると，「恐らく和算最後の成書」とされるのが，熊谷藤吉『和算開式新法』（1946）である．藤原松三郎『日本數學史要』，賓文館，1952，267–268 頁．

[*27] 38 万点の古文書（数学とは限らない）が知られ，今日約千キロ離れたマリ共和国の首都バマコの古文書資料館に収納されているという．ジョシュア・ハマー『アルカイダから古文書を守った図書館員』（梶山あゆみ訳），紀伊國屋書店，2017，330–334 頁（訳者あとがき）．

あとがき

数学史を記述する方法は2つあります．数学内容を中心にする方法と，その文化的社会的背景を中心に描く方法とです．1970年代以降，数学史はこの両者を合わせて記述していく方向に進んではいます．しかしここでは，掲載時の「歴史から見る数学 数学史から見る歴史」という題目で，後者の方法を中心に数学を見ていきます．今日の数学は単一で普遍的とされています．つまり，どの文化圏の数学も同一形式で記述され，証明も普遍的だと．しかし歴史を見るとそうではありませんでした．数学は複数存在したのです．このことを明確に述べたのは，本書第1章で言及したシュペングラーで，各文化圏の数学を比較検討し「文化形態学」として記述しています．その重要性を早くから指摘されていたのが次の二人です．伊東俊太郎先生は「比較数学史」，また佐々木力先生は「文化相関的数学」という大きな枠組みで，経時的のみならず通時的にも文化圏の相違により複数の数学の枠組みが存在すると論じておられます．このことは言うに易いのですが，原典解読のみならず，それが書かれた歴史的背景を視座に置かねばならないという壮大な研究計画です．私は数学史研究を始めて以来，二人からその方法を学び，身に余る激励を頂いてきました．本書ではそれに十分にこたえられるまでには至っていませんが，今後もさらに広く文化や文明をも視座においた数学史研究を進めていきたいと思っています．

本書II-III部では，古代エジプト，古代ギリシャとビザンツ，そしてアラビアの数学を中心に扱いました．以上は地域としては地中海沿岸部及びアラビア語圏のイラクそして中央アジアでした．地中海世界でも，ラテン語やイタリア語を用いる西洋中世の時代は本書では主題としてはいません．しばしば用いた西洋数学という単語は，主として 12 世紀以降，とりわけ 17 世紀以降の西洋での我々に馴染みある数学を意味します．この数学に関しては中世・近代を扱った別の書で述べる予定です．

本書冒頭で，数学とは何かと問いかけました．これに十分答えるには至っていないのですが，ここで数学の分野についてまとめておきましょう，数学の分類は古来多くの学者がさまざま述べています．本書に関わる狭義の数学では，大雑把に述べますと次のようになるでしょう．古代エジプトでは，計算法と測量術，古代ギリシャではそれらに算術，幾何学 (証明を含む)，三角法，そして数学論 (プラトンなど) が加わりました．アラビアでは以上の分野にさらに代数学が加わります．17 世紀西洋では以上に解析学が加わり近代数学の成立に向かいます．以上の分類では，組み合わせ論 (アラビア数学や中世ユダヤ数学)，求積法 (アルキメデスやイブン・ハイサム) の位置づけが難しいところですが，前者は計算法と算術に，後者は幾何学の枠に収めることも可能でしょう．

さらに広義の数学 (数理科学と呼べる) では，数学的諸学，つまり音楽学，天文学，暦学，重さの学 (天秤やテコ)，視学 (光学) などが含まれます．本来それらも対象にせねばなりませんが，紙幅の関係上本書ではそれらの内容にはほとんど触れることはできませんでした．

いずれにせよ本書では，文明上さまざまな数学が存在したことを具体的に述べ，それは記号法，証明，数字表記，計算法などに見ることができます．今日では，数学は，現代数学として単一で普遍的とされています．それとは異なる数学が存在してきたことを本書でいくらかは示せたかと思います．

「歴史から見る数学 数学史から見る歴史」は，2015年4月から2020年6月まで55回にわたり『現代数学』に掲載した記事です．当初は，「数学史記述の歴史」として，数学古典や数学史書にどのように数学が記述されているかを明らかにすることを目的として，今まで集めてきたメモをまとめてみようと考えていました．そのための下準備として思いつくまま書いて55回まで来てしまい，したがって話は毎回飛び飛びになり重複も少なからずあります．個々の章はまだ十分には論じきれていませんが，今回一書にまとめるにあたり，掲載順を変え，人名表記を統一し，誤解を訂正したりしました．また最新の研究情報もいくつか取り入れました．当初は字数の制約から参考文献などは省くことがありましたが，今回書物にするにあたって，必要最小限ではありますが脚注にて追加しました．

最後に，大学院以来の科学史研究仲間である元東海大学教授鈴木孝典氏と，神戸大学でデカルト数学の研究会に参加し多くの議論を交わした坂田基如氏の両氏からは，人名表記や内容などに関して多くの貴重なコメントを頂きました．心より感謝を申し上げます．

三浦伸夫

初出：

本収録作品は『現代数学』の次の箇所に掲載された．ただし表題などを変更し，内容を大幅に書き換えたものがある．

第1章 (2015-04, pp. 17-22)，　第2章 (2016-06, pp. 70-75)，

第3章 (2015-11, pp. 75-80)，　第4章 (2016-08, pp. 70-75)，

第 5 章 (2015-09, pp. 70-75), 第 6 章 (2017-08, pp. 70-75),
第 7 章 (2018-01, pp. 68-73), 第 8 章 (2017-11, pp. 68-74),
第 9 章 (2019-06, pp. 60-65), 第 10 章 (2015-12, pp. 70-75),
第 11 章 (2018-06, pp. 62-72), 第 12 章 (2017-07, pp. 69-74),
第 13 章 (2018-08, pp. 62-67), 第 14 章 (2015-06, pp. 70-75),
第 15 章 (2019-10, pp. 70-74), 第 16 章 (2018-07, pp. 68-73),
第 17 章 (2017-02, pp. 74-79), 第 18 章 (2015-07, pp. 73-78),
第 19 章 (2017-03, pp. 71-76), 第 20 章 (2017-04, pp. 69-74).

索　引

人名

あ

い

う

え

お

か

き

く

け

こ

さ

し

す

せ

そ

た

ち

て

と

な

に

ね

へ

ほ

ま

み

む

め

事項・書名

い

う

え

お

か

き

く

け

こ

さ

し

す

せ

そ

た

ち

つ

て

と

著者紹介：

三浦 伸夫（みうら・のぶお）

1950 年生まれ．名古屋大学理学部数学科卒業，東京大学大学院理学研究科科学史科学基礎論専攻博士課程単位取得退学，神戸大学国際文化学研究科教授の後，2016 年 4 月より神戸大学名誉教授．専門は比較科学史，数学史．

著　　書：『古代エジプトの数学問題集を解いてみる』NHK 出版，『数学の歴史』放送大学教育振興会，『大数学者の数学・フィボナッチ／アラビア数学から西洋中世数学へ』現代数学社．

訳　　書：ギンディキン『ガリレイの 17 世紀』シュプリンガー・フェアラーク東京，スティドール『数学の歴史』丸善など．

共 訳 書：『ライプニッツ著作集』工作舎，『デカルト書簡集』法政大学出版会，『中世思想原典集成』平凡社など．

論　　文：「ヒンドゥー教徒の数学者ラマヌジャンの生涯」，「数学史におけるデューラー」など．

文明のなかの数学　―数学史記述法・古代・アラビア―

2021 年 5 月 21 日　　初版第 1 刷発行

著　者　　三浦 伸夫

発行者　　富田　淳

発行所　　株式会社　現代数学社
〒 606-8425 京都市左京区鹿ヶ谷西寺ノ前町 1
TEL 075 (751) 0727　FAX 075 (744) 0906
https://www.gensu.co.jp/

装　幀　　中西真一（株式会社 CANVAS）

印刷・製本　　亜細亜印刷株式会社

ISBN 978-4-7687-0558-2　　2021 Printed in Japan